乡村振兴战略·浙江省农民教育培训用书

浙里农家特色小吃

浙江省农业农村厅 组编

浙江科学技术出版社

版权所有　侵权必究

图书在版编目（CIP）数据

浙里农家特色小吃 / 浙江省农业农村厅组编 . — 杭州：浙江科学技术出版社，2022.6

乡村振兴战略·浙江省农民教育培训用书

ISBN 978-7-5739-0015-9

Ⅰ．①浙… Ⅱ．①浙… Ⅲ．①菜谱－浙江－农民教育－教材 Ⅳ．① TS972.182.55

中国版本图书馆CIP数据核字（2022）第059693号

丛 书 名	乡村振兴战略·浙江省农民教育培训用书	
书　　名	浙里农家特色小吃	
组　　编	浙江省农业农村厅	
出版发行	浙江科学技术出版社	
	杭州市体育场路347号　邮政编码：310006	
	编辑部电话：0571-85152719	
	销售部电话：0571-85176040	
	网址：http://www.zkpress.com	
	E－mail：zkpress@zkpress.com	
排　　版	杭州万方图书有限公司	
印　　刷	浙江新华数码印务有限公司	
开　　本	710×1000　1/16	印　张　8
字　　数	127千字	
版　　次	2022年6月第1版	印　次　2022年6月第1次印刷
书　　号	ISBN 978-7-5739-0015-9	定　价　42.00元

责任编辑　赵雷霖　　　责任校对　赵　艳
责任美编　金　晖　　　责任印务　叶文炀

"乡村振兴战略·浙江省农民教育培训用书"
编委会

主　　任　唐冬寿

副 主 任　陈百生　王仲淼

委　　员　田　丹　林宝义　黄立诚　徐晓林　孙奎法
　　　　　张友松　吴　涛　陆剑飞　虞轶俊　郑永利
　　　　　李志慧　丁雪燕　宋美娥　梁大刚　柏　栋
　　　　　赵佩欧　周海明　周　婷　马国江　赵剑波
　　　　　罗鸶峰　徐　波　陈勇海　鲍　艳

《浙里农家特色小吃》
编写人员

主　　编　王慧智　宋美娥

副 主 编　孙旭璟　吴　力　潘　鹏

编　　写（按姓氏笔画排序）
　　　　　王慧智　叶宇涵　孙亚敬　孙旭璟　孙琴琳
　　　　　李　鹰　时胜蓝　吴　力　何陈婧　沈可欣
　　　　　宋美娥　张　慧　张旭升　陈　彦　林　林
　　　　　胡钱瑛　曾　玮　缪　军　潘　鹏

序　言

乡村振兴，人才是关键。习近平总书记指出，"让愿意留在乡村、建设家乡的人留得安心，让愿意上山下乡、回报乡村的人更有信心，激励各类人才在农村广阔天地大施所能、大展才华、大显身手，打造一支强大的乡村振兴人才队伍"。2021年，中共中央办公厅、国务院办公厅印发了《关于加快推进乡村人才振兴的意见》，从顶层设计上为乡村振兴的专业化人才队伍建设做出了战略部署。

一直以来，浙江始终坚持和加强党对乡村人才工作的全面领导，把乡村人力资源开发放在突出位置，聚焦引、育、用、留、管等关键环节，启动实施"两进两回"行动、十万农创客培育工程，持续深化千万农民素质提升工程，培育了一大批爱农业、懂技术、善经营的高素质农民，造就了一大批扎根农村创业创新的"乡村农匠""农创客"，乡村人才队伍结构不断合理、素质不断提升，有力推动了浙江"三农"工作持续走在前列。

当前，"三农"工作重心已全面转向乡村振兴。打造乡村振兴示范省，促进农民农村共同富裕，比以往任何时候都更加渴求人才，更加迫切需要提升农民素质。为适应乡村振兴人才需要，扎实做好农民教育培训工作，浙江省委农办、浙江省农业农村厅、浙江省乡村振兴局组织省内行业专家和权威人士，围绕种植业、畜牧业、海洋渔业、农产品质量安全、农业机械装备、农产品直播、农家小吃等方面,编写了"乡村振兴战略·浙江省农民教育培训用书"。

  本套丛书既围绕全省农业主导产业,包括政策体系、发展现状、市场前景、栽培技术、优良品种等内容;又紧扣农业农村发展新热点、新趋势,包括电商村播、农家特色小吃、生态农业沼液科学施用等内容,覆盖广泛、图文并茂、通俗易懂。相信本套丛书的出版,不仅可以丰富充实浙江农民教育培训教学资源库,全面提升全省农民教育培训效率和质量,更能为农民群众适应现代化需要,练就真本领、硬功夫,赋能添彩。

浙江省委农办主任
浙江省农业农村厅厅长　王通林
浙江省乡村振兴局局长
2022年3月

前　言

浙江的各个美丽乡村都有着独具特色的农家小吃，这些小吃是浙江乡村文化的生动体现，联系着历史典故，传承着乡土风俗，一直保持着活跃的生命力。这些小吃也是游子们浓浓乡情的寄托，无论他们身居何处、离家多远，故乡小吃的味道总萦绕在心头，不禁让人更思念那山、那水、那满载着童年欢乐的故乡。

为充分弘扬浙江乡村美食文化，培育农业农村发展新动能，助力乡村振兴和实现浙江高质量发展建设共同富裕示范区，近年来，浙江抢抓机遇，以"小吃经济"构筑富民"大产业"，省、市、县三级联动，实施农家特色小吃振兴计划，打造了农家特色小吃产业发展的"浙江样板"。据不完全统计，2021年浙江农家特色小吃产业产值已达620亿元，带动就业人数超55万人。

我们精心编撰本书，一方面是希望通过系统梳理全省具有较大产业规模、较强地域特色的农家特色小吃的发展经验，给全省农家特色小吃树立标杆，给农家特色小吃从业者提供学习和借鉴的机会，从而带动全省农家特色小吃产业不断壮大和提升；另一方面，也希望本书可以成为宣传浙江农家特色小吃的一个载体，进一步扩大其知名度和影响力，吸引更多人关注和支持浙江农家特色小吃的发展。

本书收录了近百种浙江农家特色小吃，涵盖了糕、饼、面、粉、丸等品类，展示了蒸、煮、煎、炒、烤等制作技艺，还详细阐述了每种小吃独特的历史典故和乡土风俗。本书可读性和实用性强，文字简明生动，并配以大量直观、精美的图片，既可以作为从业技能培训的实用教材，也可以作日常闲暇的优质读物。

由于编者水平有限，经验不足，书中难免存在不足之处，敬请广大读者批评指正。

编　者

2022年3月

目　录

杭州特色小吃　　/ 1

1. 西湖藕粉　　/ 3
2. 萧山河上桔红糕　　/ 4
3. 塘栖粢毛肉圆　　/ 5
4. 塘栖小桃酥　　/ 6
5. 永昌臭豆腐　　/ 7
6. 桐庐米粿　　/ 8
7. 千岛湖安上粉皮　　/ 9
8. 富泽红曲发糕　　/ 10
9. 建德状元饼　　/ 11

宁波特色小吃　　/ 13

10. 宁波汤圆　　/ 15
11. 宁波龙凤金团　　/ 16
12. 慈城年糕团　　/ 17
13. 北仑虾廉年糕　　/ 18
14. 奉化千层饼　　/ 19
15. 余姚梁弄大糕　　/ 20
16. 陆埠豆酥糖　　/ 21
17. 宁海麦饼　　/ 22
18. 象山米馒头　　/ 23
19. 象山食饼筒　　/ 24
20. 慈溪老鼠糖球　　/ 25

温州特色小吃　　　　　　　　/ 27

　21　温州鱼丸　　　　　　　　/ 29
　22　瑞安白糖双炊糕　　　　　/ 30
　23　永嘉麦饼　　　　　　　　/ 31
　24　苍南矾山肉燕　　　　　　/ 32
　25　平阳炒粉干　　　　　　　/ 33
　26　龙湾纱面汤　　　　　　　/ 34
　27　乐清瓦头锦　　　　　　　/ 35
　28　苍南桥墩月饼　　　　　　/ 36

湖州特色小吃　　　　　　　　/ 37

　29　湖州千张包子　　　　　　/ 39
　30　湖州茶食四珍　　　　　　/ 40
　31　湖州大馄饨　　　　　　　/ 41
　32　南浔桑果糕　　　　　　　/ 42
　33　南浔定胜糕　　　　　　　/ 43
　34　德清新市茶糕　　　　　　/ 44
　35　安吉吴均汤包　　　　　　/ 45

嘉兴特色小吃　　　　　　　　/ 47

　36　嘉兴粽子　　　　　　　　/ 49
　37　嘉兴凤桥梅花糕　　　　　/ 50
　38　西塘"锺稻苏"八珍糕　　 / 51
　39　嘉善西塘粉蒸肉　　　　　/ 52
　40　平湖蟹壳黄　　　　　　　/ 53
　41　海宁宴球　　　　　　　　/ 54
　42　乌镇姑嫂饼　　　　　　　/ 55
　43　海盐尺糕　　　　　　　　/ 56

绍兴特色小吃 / 57

- 44 绍兴臭豆腐 / 59
- 45 上虞夹塘大糕 / 60
- 46 诸暨次坞打面 / 61
- 47 诸暨西施团圆饼 / 62
- 48 嵊州小笼包 / 63
- 49 嵊州炒榨面 / 64
- 50 新昌炒年糕 / 65
- 51 新昌芋饺 / 66

金华特色小吃 / 67

- 52 金华酥饼 / 69
- 53 兰溪鸡子馃 / 70
- 54 东阳沃面 / 71
- 55 永康肉麦饼 / 72
- 56 浦江一根面 / 73
- 57 武义艾糕 / 74
- 58 磐安方前扁食 / 75
- 59 磐安大蒜饼 / 76

衢州特色小吃 / 77

- 60 衢州胡麻饼 / 79
- 61 衢州烤饼 / 80
- 62 龙游发糕 / 81
- 63 龙游葱花馒头 / 82
- 64 江山米糕 / 83
- 65 开化气糕 / 84
- 66 开化桐村碱水粽 / 85

舟山特色小吃 / 87

- 67　普陀观音饼　/ 89
- 68　岱山倭井潭硬糕　/ 90
- 69　舟山带鱼饭　/ 91

台州特色小吃 / 93

- 70　椒江姜汁核桃调蛋　/ 95
- 71　黄岩红糖烤糖　/ 96
- 72　宁溪麦鼓头　/ 97
- 73　黄岩沙埠豆腐干　/ 98
- 74　临海蛋清羊尾　/ 99
- 75　临海糟羹　/ 100
- 76　温岭泡虾　/ 101
- 77　玉环敲鱼皮馄饨　/ 102
- 78　天台饺饼筒　/ 103
- 79　天台修缘蒸糕　/ 104
- 80　三门松花饼　/ 105
- 81　仙居烧饼　/ 106

丽水特色小吃 / 107

- 82　龙泉黄粿　/ 109
- 83　莲都眉毛酥　/ 110
- 84　青田国师饼　/ 111
- 85　云和油筒饼　/ 112
- 86　缙云烧饼　/ 113
- 87　缙云爽面　/ 114
- 88　缙云敲肉羹　/ 115
- 89　遂昌长粽　/ 116
- 90　松阳薄饼　/ 117
- 91　景宁畲乡粉皮　/ 118

HANGZHOU
TESE XIAOCHI

杭 州

特·色·小·吃

1 西湖藕粉

清光绪年间,《唐栖志》记载:"藕粉者,屑藕汁为之,他处多伪,掺真赝各半,唯唐栖三家村业此者以藕贱不必假他物为之也。"另在《随园食单》《陶庵梦忆》及《杭州府志》中都有藕粉的记载。明清年间,西湖藕粉经京杭大运河远销苏州、上海、南京、北京等地。

如今,塘栖三家村藕粉已成为西湖藕粉的代名词,其主要原料尖头白荷藕,肉质鲜嫩、块形大、粉质细腻、出粉率高,是制作藕粉的最佳选择。藕粉制作工艺非常考究,三家村的藕粉制作工艺复活了失传40多年的"老底子"手削藕技艺,手削藕形如薄片,白里透微红,质地细腻。该技艺已被列入浙江省非物质文化遗产保护名录。藕粉的冲泡也颇为讲究,先用少许冷水调和,再用沸水冲泡,搅拌均匀后呈藕红色半透明状,纯净度高,美味可口。

联系单位:杭州三家村藕粉厂
联系电话:15158140138

五六百年前，傅氏先人到萧山河上谋生，祖宗太婆为了不让丈夫、儿子在外出途中受饿，用糯米和白糖制成了一种小吃以在路上充饥，它的原名叫"竹红糕"，后来经过傅氏族人改进，把一整块的糕点切成小块，俗语叫它"呐呐头"，后又演变成现在的桔红糕。相传，乾隆皇帝游江南时也曾吃过桔红糕，对它赞不绝口。

萧山河上桔红糕的主要原料为糯米和白砂糖，中间那一点红，经过不断改进，摒弃了色素，用的是火龙果的自然颜色。制作手法讲究，必须经过精选糯米、浸泡、洗净、研磨、滤水、配料、蒸熟、煮糖、揉拌、切块、糁粉等一系列烦琐而精细的工序，才能将杏红糕做得甜软柔糯、鲜洁而富有弹性。

2 萧山河上桔红糕

联系单位：河上傅氏桔红糕
联系电话：18958159928

3 塘栖粢毛肉圆

清乾隆二十七年（1762年），乾隆皇帝第三次下江南，龙船停泊在塘栖码头。相传，乾隆想品尝塘栖特色小吃，厨师边做肉圆边想：皇帝还有什么美食没吃过？分神时把肉圆放入了旁边准备包粽子的糯米中，而此时已无时间让厨师重新做肉圆，只得把沾有糯米的肉圆放入锅中蒸制。没想到出锅时，一颗颗糯米像刺一样扎在肉圆上，肉香加糯米香扑鼻而来。乾隆皇帝品尝后赞不绝口，问厨师这道菜叫什么，厨师一时说不出来，便大胆请乾隆赐名，乾隆略加思索后取名"粢毛肉圆"。

粢毛肉圆之名便一直沿用至今，并于2018年被评为"浙江十大农家特色小吃"。如今的塘栖粢毛肉圆，既传承了老时口味，又融合了现代工艺，取上好五花肉为原料，加入自创调料，猪肉鲜香和糯米纯香完美结合在一起。常温粢毛肉圆，待水开后隔水蒸20～30分钟；速冻粢毛肉圆取出后无须解冻，水开后直接蒸15分钟，或者加盖在微波炉中高温加热1.5分钟，即可享用。

联系单位：杭州余杭复昌食品有限公司
联系电话：13805772812

4 塘栖小桃酥

唐宋时期，乐平、贵溪等地的农民纷纷前往景德镇做瓷工。当时有位乐平农民将自家带来的面粉加水搅拌后直接放在窑炉表面烘烤，因其常年咳嗽，平日有食桃仁止咳的习惯，故在烘烤时加入了桃仁碎末。其他瓷工见这样做的干粮便于保存食用，纷纷仿效，取名"桃酥"。该做法随着瓷工运送瓷器传到塘栖，经过大小、口感、配料等不断改良，才有如今一口一个的塘栖小桃酥。塘栖小桃酥主要成分是面粉、鸡蛋、油、芝麻等，保留了手工制作的传统，以其干、酥、脆、甜的特点闻名于世，口味让人难忘。

联系单位：杭州塘栖李法根食品有限公司
联系电话：15267060885

5 永昌臭豆腐

永昌臭豆腐距今有100多年历史，是富阳"永昌三宝"之一。清朝末年，黄崇喜携带家人从江西迁至富阳永昌镇。刚到永昌时，他们在一个名叫傅复生的豆制品作坊制作臭豆腐，因其味道出奇鲜美，受到当地人的喜爱。1922年，黄崇喜盘下作坊自主经营，黄氏臭豆腐由此得名。

永昌黄氏臭豆腐以黄豆为原料，制作需经过14道工序：原料筛选、原料清洗、浸泡、磨浆、烧浆、滤浆、点浆凝固、上板压榨、切块冷却、入水烧煮、晾干冷却、臭缸发酵、清洗、包装。永昌臭豆腐可以油炸、清蒸、辣炒和石锅炖煮，也可以蘸酱油直接生吃；初闻臭气扑鼻，细嗅浓香诱人。2009年，永昌黄氏臭豆腐制作技艺被评为杭州市非物质文化遗产和杭州市首批"老字号"品牌，后又被评为"浙江老字号"。

联系单位：杭州富阳黄氏豆制品厂
联系电话：13868195286

6 桐庐米粿

米粿制作在桐庐已有上百年历史。宋朝年间，北方人大量南迁，黄河流域小麦文化与江南大米文化不断融合，出现米粉面食化的现象，渐渐孕育出了兼具两者之长的米粿文化。千百年来，代代相传，米粿走进了千家万户，成为江南民间有代表性的传统美食。因米粿为圆形，取其团圆之意，所以当孩子满月、生日、春节时，家家户户会聚在一起制作米粿。

桐庐米粿由米粉制作成皮，清香弹牙，馅料选用极富农家特色的笋、五花肉、雪菜、豆腐干等，咸香适口，老少皆宜。桐庐米粿外观小巧玲珑，圆润洁白；皮层糯软清香，薄而不腻；菜馅素而不俗，鲜润多汁。

桐庐米粿食用方法有4种：煮，将米粿放入锅中，中火煮至软化上浮即可；蒸，将米粿放入蒸锅中，中火蒸15分钟，完全软化即可；煎，将米粿放入热油平底锅内，加适量水，待水焖干后即可；烤，将米粿放入微波炉专用盘中并覆保鲜膜，中火加热12分钟即可。

联系单位：桐庐农家源食品有限公司
联系电话：15024440888

7 千岛湖安上粉皮

千岛湖安上粉皮距今已有700多年的历史,做粉皮一直是淳安县金峰乡安上村的传统。每当稻子收割完毕,安上村家家户户就开始做粉皮,以庆丰收。每户人家门口,竹竿摆得很长,一层一层薄如蝉翼的粉皮晾晒在上面,透着阳光能看到对面的人。安上粉皮于2018年被评为"浙江十大农家特色小吃"。

千岛湖安上粉皮以当地五谷杂粮为原料,用纯蔬菜汁增味添色,以古法工艺纯手工制作,由渗、洗、碾、沉、摊、蒸、挂、晾、切、晒等工序精制而成,成品晶莹剔透,皮薄如纸,口感润滑。粉皮可以现烫着吃,用勺子舀起米浆浇到竹盘上,匀成薄薄的一层,而后放入蒸锅,蒸好后蘸上农家菜或辣椒酱食用;也可以在薄薄的米浆上面撒上农家菜,再放入蒸锅里蒸,出锅后卷成一卷,刀切成段食用。干粉皮吃的时候,只需像做面条一样,或炒或煮。

联系单位:淳安县安爽粉皮有限公司
联系电话:13588033942

8 富泽红曲发糕

千岛湖镇富泽村是杭州市淳安县唯一的少数民族（畲族）行政村，富泽红曲发糕是一款极具畲族代表性的传统美食。发糕的制作技艺源于龙游，但由于富泽不像龙游那样盛产水稻，这里的畲族人又吃不惯小麦面粉，于是就用面粉做发糕。相传有一年临近过年，有家蓝姓小女正在制作发糕，家里的小花猫突然蹿到灶台，打翻了泡着红曲的瓦罐，殷红的红曲撒在面团上，蓝姓小女灵机一动，将面团重新揉捏，使红曲均匀渗透到面团中，没想到，这样做出的发糕更加香糯。

现在富泽红曲发糕经过改良优化，将普通红曲改为苦荞红曲，还添加了木薯粉，使其口感更加香甜。红曲发糕制作时按一定比例将面粉、木薯粉、红曲置于容器中，充分搅拌均匀后醒粉半小时再定模、垫棕叶，上灶大火蒸45分钟，这样蒸出的红曲发糕散发着一股棕叶的清香。

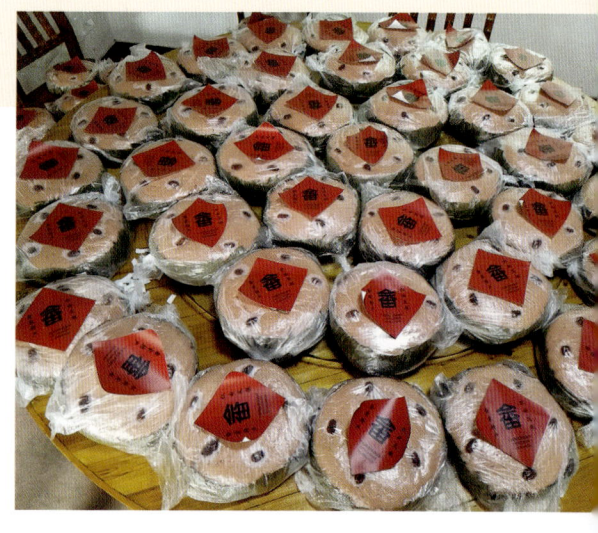

联系单位：淳安县千岛湖镇富泽村
联系电话：13757139189

9 建德状元饼

相传，清乾隆年间，建德新叶有个家境贫困的秀才赴京赶考，邻里乡亲争先恐后地送吃送衣。秀才怀揣着邻里乡亲们的期盼和他们亲手制作的饼点，历经千辛万苦，终于到达京城，并高中状元。皇上为其所感，特将乡亲制作的饼赐名为"状元饼"。

建德状元饼是流传于江南农村的一种特色小吃，采用传统手工技艺制作而成，于2017年被评为"浙江十大农家特色小吃"。饼皮可用小麦粉、玉米粉、米粉等制作，馅料主要是倒笃菜、豆腐、肉丁，皮薄馅多，味道纯正，鲜味十足，是地道的建德小吃。冷冻的建德状元饼从包装袋取出后无须解冻，直接放平底锅微火正反面各煎1分钟左右即可，或放入烤箱内烤1分钟左右，然后稍加冷却，风味更佳。

联系单位：浙江秋梅食品有限公司
联系电话：18057175098

宁 波
特 · 色 · 小 · 吃

NINGBO
TESE XIAOCHI

10

宁波汤圆

汤圆起源于宋朝，是当时明州（现宁波市）特有的小吃。宁波有春节早晨合家聚坐一起吃汤圆的传统习俗，象征着团圆美好。宁波汤圆的糯米原料最讲究，先用天然活水在避光通风的阴凉处浸泡7天以上，然后秉承传统研磨技艺并搭配现代工艺，精细研磨成粉做成皮，再以醇香黑芝麻、上等猪板油、纯净绵白糖为馅进行制作。宁波汤圆皮薄而滑，白如羊脂，油光发亮，具有香、甜、鲜、滑、糯的特点，咬开面皮，油香四溢，糯而不黏。宁波汤圆于2018年被评为"浙江十大农家特色小吃"。

冷冻宁波汤圆的常见烧法：汤锅中放入适量清水，水开后放入汤圆，用汤勺沿锅边推转，大火煮制约3分钟，再加入少许冷水，继续用大火煮制3分钟，待汤圆全部浮起即可捞起食用；或者先将汤圆煮熟，捞出沥干，在面包糠或者芝麻里滚一滚，再把滚好的汤圆放入油锅里炸至金黄色；也可将汤圆完全包裹于蛋挞皮中，浸上蛋液，表面用牙签戳上小孔，撒上芝麻，放入空气炸锅，在200℃温度下炸5分钟，即可食用。

联系单位：宁波陆宝食品有限公司
联系电话：13857408845

11 宁波龙凤金团

相传，南宋初期金兵入侵中原，康王赵构一路逃到宁波，衣衫褴褛，饥肠辘辘。忽然，一阵香气飘来，他抬头发现香气来自一家糕团店的蒸笼，里面是一只只滚圆嫩黄的糯米团。赵构饥饿难忍，便向女店主求食，女店主给了他一只糯米团子。他边咽糯米团边问女店主叫什么名字，女店主答道："赵凤英。"赵构看着糯米团在阳光下金灿灿的样子，便说"这东西就叫'龙凤金团'吧，包你生意兴隆"。因为皇帝吃过，所以龙凤金团在宁波象征着吉祥，婚庆、寿诞都要定做金团，赠送亲友。

宁波龙凤金团形圆似月，色黄似金，面印龙凤浮雕，采用糯米、粳米、松花粉、黄豆、白糖、瓜子肉、橙丁、红绿丝、黑芝麻、桂花等制作而成，皮薄馅多，口味甜糯，清香适口，外表的金色源自松花粉，滚过松花粉便不会粘连。宁波龙凤金团种类繁多，其中五代金团是五只金团，每个印版花色及大小都不同，意为"五世同堂"，表达了美好的祝愿。

联系单位：宁波市赵大有食品有限公司
联系电话：13906689383

12 慈城年糕团

在我国江南地区,年糕因其"年年高"的谐音而成为老百姓心中的吉祥食品。慈城年糕团的出名,源于央视美食节目《舌尖上的中国》。作为宁波年糕中的代表,慈城年糕团色白如玉,晶莹剔透。慈城年糕团的制作工艺被列为浙江省非物质文化遗产。

慈城年糕团的外面是年糕皮,做法有点类似我们常吃的粢饭团。捏一点年糕团,摊开在桌上,放入各种喜欢吃的菜,然后卷起来。里面的馅一般有甜、咸两种口味,甜的是黄豆粉,咸的是咸菜、笋丝、肉松、油条,咬上一大口,丰富的滋味在嘴里绽放。慈城年糕团现做现吃味道最好,香糯可口,咸甜皆宜。

联系单位:宁波江北慈城冯恒大食品有限公司
联系方式:13806664936

13 北仑虾峙年糕

年糕是宁波的传统粮食制品，有着深厚的饮食文化内涵，"糕"谐音"高"，过年吃年糕有"年年高""一年高一年"等吉祥之意，舂年糕也是民间辞旧迎新的重要民俗活动之一。据《甬上风华：宁波市非物质文化遗产大观·北仑卷》记载，早在明清时，当地制作传统手工年糕的技术就已经十分普及。

北仑虾峙年糕产自白峰虾峙，主要以水磨年糕为主，用粳型糯性晚稻米浸泡3天，水磨成粉，采用压、揉、蒸、轧等传统工艺加工而成。热气腾腾的糯米在石臼里来回揉，大木槌反复敲打着糕花，空气中弥漫着喷香的年糕味。年糕洁白如玉、柔韧滑糯，久煮不糊，入口不黏。虾峙年糕除传统的白年糕外，还有各种花色年糕，即在制作年糕时加入海苔、桂花、艾青、高粱、玉米、葱花等原料，变化出各种各样的颜色。现已创制出六福系列年糕（金福、银福、红福、清福、紫福、厚福）。

北仑虾峙年糕的吃法可以随个人的喜好，或煨或蒸或炒，口味或淡或咸或甜。如糖炒年糕，民谚曰："糖炒炒，油爆爆，吃得嘴角生大泡。"又如荠菜年糕，民谚有云："荠菜肉丝炒年糕，灶君菩萨伸手捞。"还有汁水（鸡汤）年糕，汤鲜美无比。

联系单位：宁波市北仑区白峰福口乐食品厂
联系电话：18958070509

14 奉化千层饼

相传从前溪口有位老母亲，天天在家为在外经商的儿子祈福。一次，她问雪窦寺里的和尚：儿子出门好久，何时平安而归？和尚说：你只要做上一千层数的饼，一天吃一层，饼吃完了儿子就能平安回家。等这位老母亲做好这千层饼并吃完，儿子果真从外地回到家了。于是，千层饼作为溪口人的平安寄托，就这样一代代传承了下来。2019年，奉化千层饼被评为"浙江十大农家特色小吃"。

奉化千层饼以冬天海苔菜、本地小麦粉、菜油等为原料，经13道传统手工技艺精制，长时间烘烤、焙酥而成，酥饼里外二十七层，薄如蝉翼，淡淡的墨绿色饼块，外头裹了一层白色的芝麻，咬一口松脆酥润，甜中带咸，咸中带鲜，香里透幽。

联系单位：宁波市奉化溪口龙门千层饼厂
联系电话：13003743796

在余姚梁弄镇，每逢端午节，已订婚但还未结婚的毛脚女婿必须挑大糕到丈人家去。毛脚女婿挑的大糕少则几十箱，多则上百箱。女方把这些大糕分发给亲朋好友、左邻右舍，一来表示名花有主，二来让大家分享喜悦。而婚后的第一个端午节，就轮到女方挑大糕到男方家，这样的风俗习惯一直沿续至今。

余姚梁弄大糕因制作精良、工艺独到、口感松软、甜而不腻而广受欢迎。老工艺人常说"大糕甜、香、糯的味道，其馅是关键，馅好糕才美味"。筛粉、雕空、加馅、盖粉、加印、切糕、上蒸、加青箬，做齐八个步骤，才可以称得上是真正的梁弄大糕。制作大糕的手工技艺为梁弄古镇独创，现已被列入余姚市非物质文化遗产代表作名录。余姚梁弄大糕于2017年被评为"浙江十大农家特色小吃"。

余姚梁弄大糕最好现做现吃，豇豆馅加上箬叶清香，不甜腻。买回家的大糕需冷冻储存，食用时无须解冻，去包装后，沸水锅中隔水蒸8～10分钟（蒸时勿让水滴在大糕上）或熟油锅中炸1～2分钟，勿使用高压锅或微波炉。

余姚梁弄大糕

联系单位：宁波市余姚市梁弄阿波大糕店
联系电话：13958358053

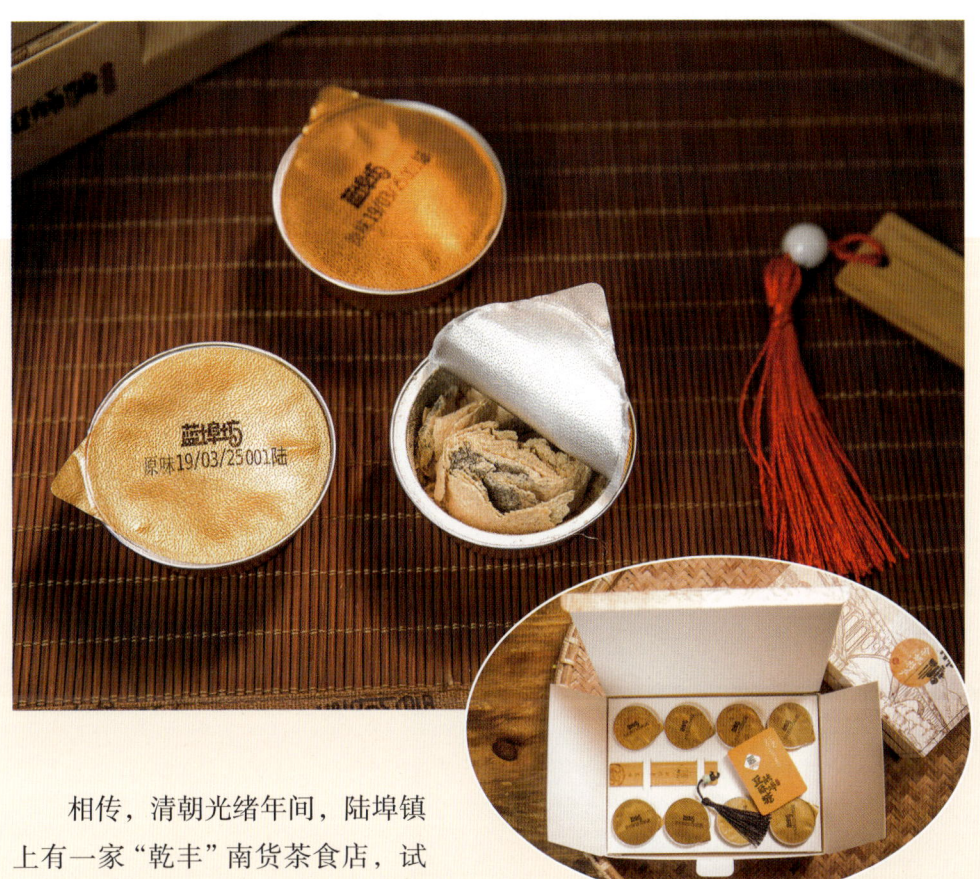

相传，清朝光绪年间，陆埠镇上有一家"乾丰"南货茶食店，试制了一种新的糕点"豆酥糖"。用八九月份"粒大、色纯"的花勾黄豆为原料，挑选颗粒饱满、无烂无蛀的，炒熟后去壳、磨成粉，用绢筛打过，用壳薄、肉厚、油分足、香味浓厚的严州黑芝麻和洁白晶莹的隔年陈糯米制成的饴糖（纯手工麦芽糖）做成馅，经过精工制作而成。制成的豆酥糖松脆可口，香留齿颊，回味无穷，老少皆宜。

2019年，陆埠镇政府为了让这延续了几百年的地方名点造福一方百姓，特注册了"蓝埠坊"公用品牌，并寻访老匠人还原风味，复原手工麦芽糖传统原料配方。陆埠豆酥糖现已被列入宁波市级非物质文化遗产名录。

「16」陆埠豆酥糖

联系单位：宁波市乐众农产品开发有限公司
联系电话：13605845048

17 宁海麦饼

宁海麦饼,最早可追溯到800多年前的南宋初期,在宁海前童、岔路、桑洲、黄坛等乡镇都有分布,被统称为"上路麦饼",是当地老百姓外出干活甚至出远门的必备干粮。相传,一代游圣徐霞客夜宿梁皇驿时,驿馆人员捧出了香气浓郁的麦饼,饥肠辘辘的徐霞客吃后连说好吃,还在上路前带了不少麦饼作为干粮。从此,宁海麦饼也被称为"霞客饼"。《宁海塔山童氏谱志》记载,其始迁祖童演是宁海麦饼的最早制作者和推介者。2019年,宁海麦饼被评为"浙江十大农家特色小吃"。

制作宁海麦饼要先和好面粉,将面团捏成碗状,放进事先准备好的馅料,甜的可以放芝麻海苔,咸的可以放鸡蛋、虾皮、苔菜、豆腐、瘦肉、香干等,面团包好后用擀面杖擀成盘状,烘烤烙熟,烹制出的麦饼油香沁鼻。

联系单位:宁波厨男厨女餐饮管理有限公司
联系电话:13506881092
联系单位:宁波海曙家乡故事饭店
联系电话:13505740952

18 象山米馒头

据《浙江通志》和《象山县志》记载，象山米馒头是南宋宋孝宗的恩师史浩为其母亲特制的。其母亲洪氏信奉观音，因不能给观音大士供奉荤腥食品，所以史浩在米粉中加入白糖，置于温室发酵，再拌入白糖催酵后，蒸熟制成"米馒头"来供奉。后史浩等世祖相继过世，史家子孙不忘祖制，每年都要做米馒头到祠堂祭祖，700多年来从未间断过。

象山米馒头主要原料为象山产的粳米、白糖，经过酶的天然作用后手工制作而成，口味软糯、清甜。2008年，象山米馒头制作工艺被列入宁波市非物质文化遗产名录。象山米馒头于2017年被评为"浙江十大农家特色小吃"。

象山米馒头食用方法：可以隔水蒸熟吃，也可以在油锅里煎一下，放上一点海苔食用。

联系单位：宁波团圆团食品有限公司
联系电话：17706605877

19 象山食饼筒

相传明朝中期,戚继光辗转浙东南沿海抗倭,百姓为了支援戚家军抗击倭寇,用家中最好的食材制作佳肴,犒劳将士,但考虑到行军长途奔驰不便携带,就用薄饼包裹,由此形成食饼筒(随军粮)。食饼筒传承至今已有400余年,是象山民间传统美食,有"一筒卷着吃的宴席"的美誉。象山食饼筒还被《舌尖上的中国》(第二季)收录介绍。

象山食饼筒制作工艺中,饼皮最关键。面粉里加水,搅成韧性糊状,发酵1小时,徒手抓起一把面糊,迅速在平底锅上抹出一个圆形薄饼(摊饼过程中饼皮上出现小洞要及时补上面糊)。面糊遇热即成型,轻轻揭下来,带着韧劲又薄如纸的饼皮就完成了。再用饼皮裹上喜爱的菜馅,集薄、脆、丰、鲜于一体的象山食饼筒便制作而成,荤素搭配,饼皮松脆,馅料软糯。

象山食饼筒吃法:摊开饼皮,将制作好的海鲜、禽蛋、时蔬等菜肴层层叠加,卷成直径约5厘米、长约18厘米的圆筒状,直接食用;或将卷好的食饼筒经高温煎制后再食用。

素锦食饼筒

海味食饼筒

红烧肉食饼筒

联系单位:兵将餐饮管理(七小将食饼筒财富店)
联系电话:13588859805

20 慈溪老鼠糖球

慈溪老鼠糖球又称"水糖球",由麦芽糖、豆沙、松花粉等原料制作而成,色泽金黄,因形似老鼠而得名。20世纪80年代,17岁的诸焕善拜余姚城北(今凤山街道)年近七旬的老糖坊师傅徐华元为师,学习传统民间制糖技艺。师傅言传身教,弟子三十年坚守、打磨、钻研、经营,如今诸师傅制糖技艺炉火纯青,被称为古法"制糖大师"。德和糖坊的慈溪老鼠糖球已被列入第七批慈溪市级非物质文化遗产名录,如今的德和糖坊内仍保存有当年德和糖坊的部分古老器具。

慈溪老鼠糖球的制作工艺,关键要看扯糖块。将热的麦芽糖块一头挂在糖登上,一头串在手中的木棒上,不断用力拉扯,原本黄褐色的糖块逐渐变为金黄色,再变为白色,拉完后把糖取下卷成团,撒上松花炒麦粉。

慈溪老鼠糖球可以直接吃,入口即化、软糯不黏、香甜不腻;或放冰箱冷冻4小时后吃,松脆不黏牙。

联系单位:宁波市慈溪姚北诸记食品厂
联系电话:13958266975

WENZHOU
TESE XIAOCHI

温 州
特 · 色 · 小 · 吃

21 温州鱼丸

温州鱼丸早在西汉司马迁《史记·货殖列传》中就有记载,那时"楚越之地,地广人稀,饭稻羹鱼,或火耕而水耨,果隋赢蛤",勤劳聪慧的温州人已经学会制作以鱼类为原料的鱼羹美食,到1921年温州鱼丸已很出名,是温州市的一张小吃名片。温州鱼丸制作技艺已经被列入温州非物质文化遗产名录,温州鱼丸于2018年被评为"浙江十大农家特色小吃"。

温州鱼丸配方非常考究,精选东海野生鮸鱼为主要原料,以淀粉、食用盐、白砂糖、水等为辅料,经选鱼、剔骨、配料到烹制等10余道工序制作而成。温州鱼丸清、鲜、嫩、韧,食用时加入适量醋和胡椒粉,弹柔相济,滋味入里,口口香醇,老少皆宜。

联系单位:温州市强能食品有限公司
联系电话:13616777269

22 瑞安白糖双炊糕

瑞安白糖双炊糕系清末浙南糕点名师李瑞庆首创，被奉为浙南传统名点，2003年曾被评为第三届"中华名小吃"。其主要原料为糯米、白糖、桂花等，具体做法：首先将糯米淘洗干净，炒熟，再磨成米粉，晾上7~10天；另将白砂糖化成干糖浆，按一定比例将糯米粉和干糖浆搅拌在一起，用圆形木擀杖将其碾平、搅匀，初成糕粉；再放些桂花，用四方形木制糕盘盛满糕粉，用竹尺刮平，用铜刀切成片状，初成糕形；然后将糕盘里的糕点小心移到竹筛里，再放到蒸锅里蒸约10分钟，此为第一炊；之后翻转糕的另一面到另一个竹筛，再蒸约5分钟，此为第二炊；晾15分钟后整理包装，便成为白糖双炊糕。

联系单位：瑞安市李大同（老五房）食品有限公司
联系电话：13906877585

23 永嘉麦饼

永嘉麦饼原出永嘉沙头镇，沙头镇历来是舴艋停靠和旅客歇脚候潮的埠头。沙头镇的周边沙地多，种不了水稻，却适合种麦，几乎每家每户都种麦。除一日三餐外，多出来的就磨成粉做麦饼，刚做好的麦饼，食之松脆，喷香不黏牙，冷了还可以做干粮，成了旅人和庄稼汉的主食。

一个麦饼需要半斤麦粉、一个鸡蛋和一汤匙菜油，搅拌揉透，捏成碗状，包入梅干菜、鲜肉、磷虾等，包拢后用木槌擀成扁圆形，放在平底铁锅煎至两面白，再转到烤炉中焙硬。永嘉麦饼皮薄肉多，肥肉丁烤制后流出油来，梅干菜被烤得香喷喷的，老远就可以闻到梅干菜的香气。

现在永嘉麦饼用料越来越精细，味道也愈加丰富，因其松脆喷香的特点，成为永嘉县特色美食。2020年永嘉县成立"永嘉麦饼"产业发展领导小组，2021年发布了《永嘉麦饼团体标准》，永嘉麦饼制作技艺已列入温州市非物质文化遗产名录。

联系单位：王大妈麦饼连锁店
联系电话：13587721737

24 苍南矾山肉燕

苍南人朱为唐善于钻研各种特色美食。1945年,他对肉燕的皮子进行了改良,将猪肉与淀粉按1:1的比例混合,反复捶打1.5小时成燕皮,然后包上馅料用手捏成燕子形状。每天一早,他用扁担挑着去集市上卖肉燕。由于口感独特,很快被抢购一空。朱为唐由此成为矾山肉燕创始人,其制作技艺被列入苍南县非物质文化遗产名录。矾山肉燕于2017年被评为"浙江十大农家特色小吃"。

苍南矾山肉燕选料精良,选新鲜猪后腿肉捶打成浆状,配上本地手工番薯粉,经过反复压打而成燕皮,肉燕皮薄如纸,其色似玉;一锅汤水,旺火烧开,下肉燕,肉燕遇水一热,燕皮一舒一张,"形似飞燕,食似燕窝"。食用时,加入适量米醋、胡椒粉,口感软嫩,味韧而绵,食香盈口。

联系单位:温州市为唐公餐饮管理有限公司
联系电话:13112797588

25 平阳炒粉干

平阳炒粉干,由五十丈粉干炒制而成。五十丈粉干的制作技艺可追溯到300多年前。明末清初,五十丈村村民的祖先从闽南地区迁徙到这里,同时也带来了制作细粉干的手艺。为了谋生,祖先们肩挑自制的细粉干沿街叫卖。制作细粉干的技艺便一代代流传了下来,也渐渐成了农闲时节的家庭副业。

传统工艺制作的五十丈粉干采用优质大米与当地山泉水,经浸泡、水磨、沥干、蒸粉、干燥等20余道工序制作而成,全程不加任何添加剂。做平阳炒粉干用五十丈粉干为主料,辅以肉丝、虾仁、香菇、鸡蛋、卷心菜等,一手拿锅铲,一手拿筷子,快速翻炒即可。炒好的五十丈粉干,夹一筷子,粉干不散;放到碗里,粉干也不粘筷;趁热食用,更是油而不腻。在平阳,招待客人的酒宴上肯定有一道菜——平阳炒粉干,这一盘平阳炒粉干代表着平阳人的味道。

联系单位:平阳县海西农产品专业合作社
联系电话:18368751555

26 龙湾纱面汤

龙湾纱面汤是温州传统经典特色小吃,在浙赣闽一带都有流传。纱面汤较独特,麦麦酒与汤的比例一般不低于7∶3,喝汤实为喝酒,所以也叫"纱面酒"。这种美食源于"月子套餐"及婴儿满月喜宴主食,是温州乡邻和亲友探望的一种民俗文化。龙湾纱面汤于2019年被评为"浙江十大农家特色小吃"。

龙湾纱面汤有不可缺少的四大食材:麦麦酒、姜茶、纱面、红糖,煮出的面像棉纱一样,晶莹柔滑、洁白柔韧、细如银丝,被温州人称为"记忆中的味道"。

联系单位:温州市郑家园食品贸易有限公司
联系电话:13587897788

乐清瓦头锦

乐清瓦头锦，又称鹅头锦、厚皮、鹅头颈。"鹅头颈"这一称呼的来历并非基于食物本身的形象，而是贫困人家家中孩子趴在灶台上垂涎这道美食的样子就如同一只只鹅伸长了脖子，故而得名。新一代年轻人又称其为"乐清比萨"。

乐清瓦头锦选用本地优质高山番薯粉为主要原料，配有豇豆、冬笋、五花肉、白萝卜、胡萝卜、洋葱，炒制后混合番薯粉搅拌成粉糊经煎烤而成。食用时切块使其形如瓦片，香味扑鼻，菜色鲜艳，软韧可口，颇具乐清地方传统特色，广受地方民众的欢迎。乐清瓦头锦制作技艺于2020年8月被列入第十一批温州市级非物质文化遗产名录。

联系单位：乐清市岭底仰后农家饭庄
联系电话：13706770313

28 苍南桥墩月饼

苍南桥墩月饼，旧称"肉饼""芝麻饼"，最早是闽南人迁入浙南时从福建带来的。在苍南当地，每到中秋节前，有外婆送给外孙一个月饼的习俗，这是孩子未成年前的必收礼物，寓意茁壮成长。现在的苍南桥墩月饼经几代人的努力、改良和创新，融合了福建、广东、浙南三地的口味和饮食习惯。

苍南桥墩月饼的用料选材相当考究，其做法也堪称一绝，主要原料有精面粉、花生、芝麻、桂圆、白糖、植物油、脊膘肉、瓜子仁、冬瓜糖、红瓜、葱、果脯等，制作流程包括和面、配料、拌料、分料、擀皮、包馅、入模压制、脱模、焙烤、冷却、包装等10余道工序。苍南桥墩月饼形似一轮满月，造型硕大厚实，皮薄馅多，双面覆有芝麻，色泽金黄，皮脆馅滑，松酥利口，油而不腻，芝香扑鼻。苍南桥墩月饼的制作技艺已被列入浙江省非物质文化遗产名录。

联系单位：浙江桥墩门食品有限公司

联系电话：18006688333

湖 州

特 · 色 · 小 · 吃

HUZHOU TESE XIAOCHI

29 湖州千张包子

湖州千张包子由民间商人丁莲芳创制,流传至今已有140多年历史,是江南一带颇具盛名的传统名小吃,具有"中华老字号""中华名小吃"的称号,并于2018年被评为"浙江十大农家特色小吃"。丁莲芳是湖州城里一个卖菜的小商贩,生活十分艰苦,尤其是风雪严冬,很难糊口。清光绪四年(1878年),他决心改行谋求出路,当时市场上有牛肉丝粉汤、油豆腐丝粉头,他深受启发,尝试做些千张包子放在丝粉中,变为千张包子丝粉头。

丁莲芳千张包子丝粉头所用的千张和丝粉都是特制的,千张薄而韧,包得密不透气,馅料选用纯精腿肉,手工切成大小合适的丁,配以精挑细选的干贝、开洋,用千张裹制,装盘蒸煮定型成独特的三角形;丝粉白而粗,久煮不糊,柔软入味。丁莲芳千张包子丝粉汤色白清,油而不腻,鲜味绵长。

联系单位:湖州丁莲芳食品有限公司
联系电话:18305058058

30 湖州茶食四珍

清咸丰年间,一位名叫沈震远的人在湖州菱湖镇上开了一间专营茶食的小店,当时取名"沈震远茶食作坊"。沈震远精明能干,短短的几年时间就使自己的茶坊名闻湖州,其所产的玫瑰酥糖、椒盐桃片、牛皮糖、南枣核桃糕选料讲究、做工精细,被人们称为茶食中的"四珍"。1870年前后,"震远同"创始者方幼时拜沈震远为师学艺,因勤奋求进,深得师傅沈震远的宠爱,沈震远去沪从事钱庄业后,便把茶食店坊交与方幼时经营。

湖州茶食四珍中,玫瑰酥糖选用白芝麻、小麦粉、重瓣红玫瑰,缀以粉色酥心,香味醇郁、甜而不腻。椒盐桃片选用黑芝麻、核桃仁、糯米粉、白砂糖、食用盐,采用传统工艺制作而成,色优片薄、香醇味浓、松脆爽口。牛皮糖则号称"湖州一绝",采用传统的制糖工艺制作而成,弹性、韧性、柔软性都绝佳。南枣核桃糕选用干红枣为主料,辅以白砂糖、淀粉,松香可口。

联系单位:湖州震远同食品有限公司
联系电话:13905727370

31 湖州大馄饨

湖州大馄饨由周济相始创于民国初期，用高于小馄饨肉馅5倍量投料制作的汤煮大馄饨，具有皮薄馅多、外形饱满、口味鲜香爽嫩等特点。大馄饨包制均为纯手工完成，外形讲究突肚、翻角、略长，以"白嫩细腻、光润晶莹、馅大饱满、皮薄滑润、入口汁浓、味道香鲜、回味久鲜"的特色脱颖而出，被誉为"水晶元宝""双翼鸟"。周生记大馄饨与丁莲芳千张包子、诸老大粽子并列湖州风味小吃之首。

湖州大馄饨皮用上等精白面粉，经过揉面、擀压和切皮，大小规格统一；馅料以新鲜的上乘夹心肉为主料，经过剔杂、剁馅，配以优质笋衣、手工炒制芝麻为辅料，完成拌料工序；馄饨底汤用猪腿骨、鸡脚骨文火煨成乳白原汁，汤汁清而鲜。出锅以后，每个馄饨色泽光亮晶莹，撒葱花、紫菜碎和蛋皮丝，馄饨浮沉间，香味四溢。

联系单位：湖州周生记餐饮管理有限公司
联系电话：13567227323

湖州桑基鱼塘被联合国粮食及农业组织正式认定为"全球重要农业文化遗产"，桑基鱼塘系统拥有丰富的生物多样性，桑树资源十分丰富，桑果糕的原料就来自此地。

南浔桑果糕是湖州桑基鱼塘系统的特色美食，融合了桑葚、核桃等原料，采用传统茶食方法制作而成。制作南浔桑果糕的主要步骤包括：溶糖，熬煮，加入桑葚干，再加入已烘熟的核桃仁，搅拌，起锅后倒入器皿中，冷却，将方盘中已初成型的产品移入冷却架，关闭金属网门，使产品自然冷却至室温，冷却时间约12小时。最后，将冷却的半成品切成块状即可。

32

南浔桑果糕

联系单位：湖州桑基鱼塘食品有限公司
联系电话：13567999956

33 南浔定胜糕

相传南宋建炎年间，金兀术率兵南犯，名将韩世忠率军迎战。一日，湖州百姓给韩世忠送来一盆糕点，糕点两头大，中间细，如同定榫一般，韩世忠取过一块掰开，只见糕内夹有一张纸条，上写"敌营像定榫，头磊细腰身。当中一斩断，两头不成形"。韩世忠大喜，连夜调兵遣将，直向敌营拦腰砍去，结果大获全胜。因百姓送的"定榫糕"立了大功，吴侬软语中，"榫"与"胜"谐音，韩世忠感念于百姓相助，特将其命名为"定胜糕"。

南浔定胜糕，色泽粉嫩，香气扑鼻。它以优质糯米为主要原料，纯手工制作，共有12道工序。制作的模具是用樟木雕刻的，每次只能蒸制一块，非常考验手艺人的功夫，其制作技艺已被列入浙江省非物质文化遗产名录。

联系单位：湖州南浔野荸荠食品有限公司
联系电话：13706722233

34 德清新市茶糕

德清新市茶糕的历史可上溯到南宋，明朝正德十一年（1516年）刊本《仙潭志》与清康熙年间的辑本《仙潭文献》均将茶糕列为新市物产，由此可知茶糕有500多年历史。新市茶糕在民国时最为流行，在杭嘉湖地区很有名气，人们常常将茶糕作为宴席点心招待重要客人。

德清新市茶糕味道鲜美，汤汁浓郁，糯而不黏。其制作要领：将米浸泡半小时后磨成米粉，先用筛子过筛一遍，再用筛子把米粉筛进茶糕模具里，最后用辅助刀切成一个个方块，加上肥瘦均匀的猪肉馅，再筛上一层粉，压实后隔水蒸20分钟，就可吃到美味的茶糕。咬一口糕，呷一口茶，其味无穷。

联系单位：德清县新市有昌点心店
联系电话：13666526568

35 安吉吴均汤包

安吉吴均汤包源于吴均，此人为吴兴故鄣（今浙江安吉）人，南朝梁时期文学家、史学家。梁天监二年（503年），吴均往吴兴（今浙江湖州）赴任郡主簿，途经梅坞，已是饥肠辘辘，忽见一谢家汤包店，入店点了一盘品尝，顿觉皮薄肉香，汁多味美，连声称道。自此，谢家主人遂把自家汤包店改称吴均汤包，从此历经千年而不衰。2019年，安吉吴均汤包被评为"浙江十大农家特色小吃"。

安吉吴均汤包用料精细，以猪肉、优质面粉、饮用水、香葱、植物油、姜、料酒、芝麻油、胡椒粉等制作而成，皮薄、馅嫩、汤鲜、汁多不腻。汤包须冷冻保存，吃的时候无须解冻，水开后将汤包放入蒸锅中，汤包间距为一个手指宽度，蒸约12分钟，能看见汤汁就说明蒸好了。

联系单位：安吉递铺享含小吃店
联系电话：15167215585

嘉 兴

特 · 色 · 小 · 吃

JIAXING TESE XIAOCHI

36 嘉兴粽子

嘉兴流传着这样的古老民谣："南门大粽子，西门大靴子，北门米贩子，东门叫花子。"相传春秋时期，吴国大将伍子胥曾在嘉兴屯军练兵，因其关心百姓疾苦，深受百姓爱戴。伍子胥遇难后，嘉兴人便以"裹粽子、赛龙舟、祭伍相"等方式纪念比屈原更早的伍子胥，并成为这里特有的端午习俗。

嘉兴粽子内外兼修，以造型别致、口味纯正、糯而不糊、肥而不腻、香糯可口、咸甜适中而著名；品类从最初猪肉、豆沙、蛋黄、栗子等拓展到香辣牛肉、鲍鱼、咖喱鸡肉、巧克力、花生莲子等多种口味。其制作技艺已列入国家非物质文化遗产名录。嘉兴粽子于2018年被评为"浙江十大农家特色小吃"。

煮粽子时需将粽子放入沸水中，水位高于粽身，待水再次沸腾后煮20~25分钟捞出，去除扎线及粽叶即可食用。嘉兴"真真老老"粽子品牌创立于1939年，是嘉兴粽子品牌和饮食文化的杰出代表。

联系单位：嘉兴市真真老老食品有限公司
联系电话：13757345865

嘉兴梅花糕源于明朝，到清朝时已成为江南最著名的小吃之一。相传乾隆皇帝下江南途经凤桥梅花洲时，见其形如梅花，色泽诱人，特去品尝，感觉入口甜而不腻、软脆适中、回味无穷，胜过宫廷御点，便赐名"梅花糕"。经乾隆皇帝赐名后，梅花糕红极一时，梅花糕的名字也沿用至今。梅花糕与梅花洲的地形一样，均宛如梅花。如今，梅花洲景区为做好旅游与美食小吃话题，结合梅花糕传统特色小吃文化的宣传，把传统梅花糕打造成凤桥梅花洲的对外形象小吃。

一个梅花糕的模具重10千克左右，制作梅花糕是技术活，也是体力活，一次出炉能做19个。选用上等面粉、酵母和水拌成浆状，注入烤热的梅花模具，放入豆沙或者鲜肉、菜、猪油、玫瑰等，再注上面浆，撒上白糖、红绿丝，用烧热的铁板盖在糕模上烤熟即成。嘉兴凤桥梅花糕呈金黄色，趁热吃松软可口。

「37」

嘉兴凤桥梅花糕

联系单位：浙江梅花洲文化旅游有限公司
联系电话：13356025333

38 西塘"锺稻荪"八珍糕

西塘"锺稻荪"八珍糕是西塘传统特产，早在1920年由西塘老中医钟道生按"外科正宗"古方和自己临床经验首创制作，在每年的小暑开售，至立秋收市。

八珍糕以上等糯米粉加山楂、山药、茯苓、芡实、薏米、麦芽、扁豆、莲心八味中草药为原料，草药混合经低温烘焙后，用中药专用粉碎机轧成粉末状，保留中药的功效，同时上口香、脆、甜。

联系单位：嘉善雅芝居食品有限公司
联系电话：13666782775

39 嘉善西塘粉蒸肉

粉蒸肉在《清稗类钞》中已有记载，迄今有数百年历史。20多年前，西塘人马德伟创立西塘"老马粉蒸肉"，反复尝试粉蒸肉的做法，改良配方近20次，最终还原了传统地道的粉蒸肉，把肉香与淡淡荷叶清香完美结合，成为西塘古镇一道金字招牌。

嘉善西塘粉蒸肉选用上好去皮去油纯精肉，挑上好糯米与白米，由具备十多年制作经验的匠人炒制后磨成粉，再加上秘制调料，用完整度高、完全无黑的微山湖荷叶包裹；蒸熟后，肉便带上荷叶的清香和米粉的酥糯，肉味清香，肥而不腻。

嘉善西塘粉蒸肉的食用方法：将粉蒸肉成品放入蒸笼，蒸制10~15分钟，待成品完全蒸透后装盘，打开荷叶即可食用。

联系单位：嘉善县西塘镇老马旅游文化发展有限公司
联系电话：13905832298

40 平湖蟹壳黄

早期上海茶楼和老虎灶（开水专营店）的店面处，大都设有一个立式烘缸和一个平底煎盘炉，边做边卖两种小点心——蟹壳黄和生煎馒头。蟹壳黄是用发酵面加油酥制成皮加馅的酥饼，因其饼圆色黄、形状酷似煮熟的蟹壳而得名。陶行知曾有一首盛赞故乡小烧饼的诗："三个蟹壳黄，两碗绿豆粥。吃到肚子里，同享无量福"描写了人们的悠闲生活。

几十年前，平湖糕点师借鉴上海和徽州两地蟹壳黄制作工艺，改良成直径12厘米的平湖蟹壳黄。平湖蟹壳黄用油酥加酵面做坯，制成扁圆形小饼，外蘸一层芝麻，贴在烘炉壁上烘烤而成；其馅料有咸、甜两种，咸味的有葱油、鲜肉等，甜的有白糖、豆沙等。此饼酥、松、香，味美，咸甜适口，皮酥香脆。有人曾写诗"未见饼家先闻香，入口酥皮纷纷下"来赞美它。

联系单位：平湖市华氏餐饮管理有限公司
联系电话：13567311035

41 海宁宴球

相传乾隆皇帝南巡盐官海塘，自京杭运河途经长安小镇时，厨师将鱼去皮抽骨，又用肥肉熬成油，加火腿、水发肉皮、冬笋，切成碎末，放入精盐、黄酒等搅拌后，用手捏成团，落水下锅，经微火加温，制成美食。乾隆皇帝品尝后觉得味美可口，甚为赞赏，并为其取名"宴球"。后乾隆皇帝几次下江南，途经长安镇时，点名要吃"宴球"。现在海宁家家户户逢年过节、婚庆喜宴，都要用这道象征吉庆之宴、团圆之宴的海宁宴球。2019年，海宁宴球被评为"浙江十大农家特色小吃"。

海宁宴球以鲜活鲢鱼为主料，加上草猪大排下的肥膘、盐发肉皮为辅料，再佐以姜汁等作料调味精制而成，味道鲜美，营养丰富，纯、香、鲜、嫩味俱佳。食用方法主要以清蒸、煲汤为主，清蒸蘸醋，即取即食；煲汤解腻，鲜香嫩滑。

联系单位：海宁潮乡宴球有限公司　　联系电话：13706599444
联系单位：海宁市谢师傅食品有限公司　　联系电话：13806703018

42 乌镇姑嫂饼

乌镇姑嫂饼是桐乡的传统小吃,《乌青镇志》有记载,距今已有100多年的历史,名闻杭嘉湖。手工制作的乌镇姑嫂饼形扁圆,厚薄均匀,表面印模清晰,底面光洁,粉质细腻、油润,有麻油香味,酥松爽口,体积小而精。其用料讲究,挑选上好的高山黑芝麻,筛选颗粒饱满、均匀、新鲜干燥的山东莱西花生和优质的桐乡本地小麦粉。白面粉用文火炒成嫩黄色,再将炒熟脱壳的黑芝麻磨碎,加糖粉;然后放上熬好的猪板油、少量精盐,加上适量的水,拌成酥性面团,用印模压制而成。乌镇姑嫂饼吃起来油而不腻,酥而不散,既香又糯,甜中带咸。

"泰丰斋"是始创于乾隆三十六年(1771年)的"泰丰食号"手工糕点铺的延续,历经200多年的岁月沧桑,是"浙江老字号"企业,其生产的乌镇姑嫂饼已被列入浙江省非物质文化遗产名录。

联系单位:乌镇泰丰斋旅游工艺品食品有限公司
联系电话:13867315357

海盐尺糕，也叫赤糕，是海盐人逢年过节、婚庆喜事必吃的糕点，因制作时要用到尺而得名。尺糕大小一般几厘米见方，民间有种说法，尺糕大小与知县官印大小相关，寓意步步高升。尺糕上的刻花，如花鸟虫鱼、吉祥如意，寓意着人们对美好生活的向往。

做尺糕需要混合糯米粉和粳米粉，加入红糖、白糖，搅拌均匀后放入雕花模具中，中间放入豆沙、芝麻等馅料，再筛上一层薄薄的米粉，用尺子刮去多余的米粉，反扣模具，轻轻敲打脱模，最后放入蒸锅蒸熟。海盐尺糕口感清甜不腻、软糯适宜。

「43」 海盐尺糕

联系单位：海盐县元通尝相思糕点房
联系电话：15888380834

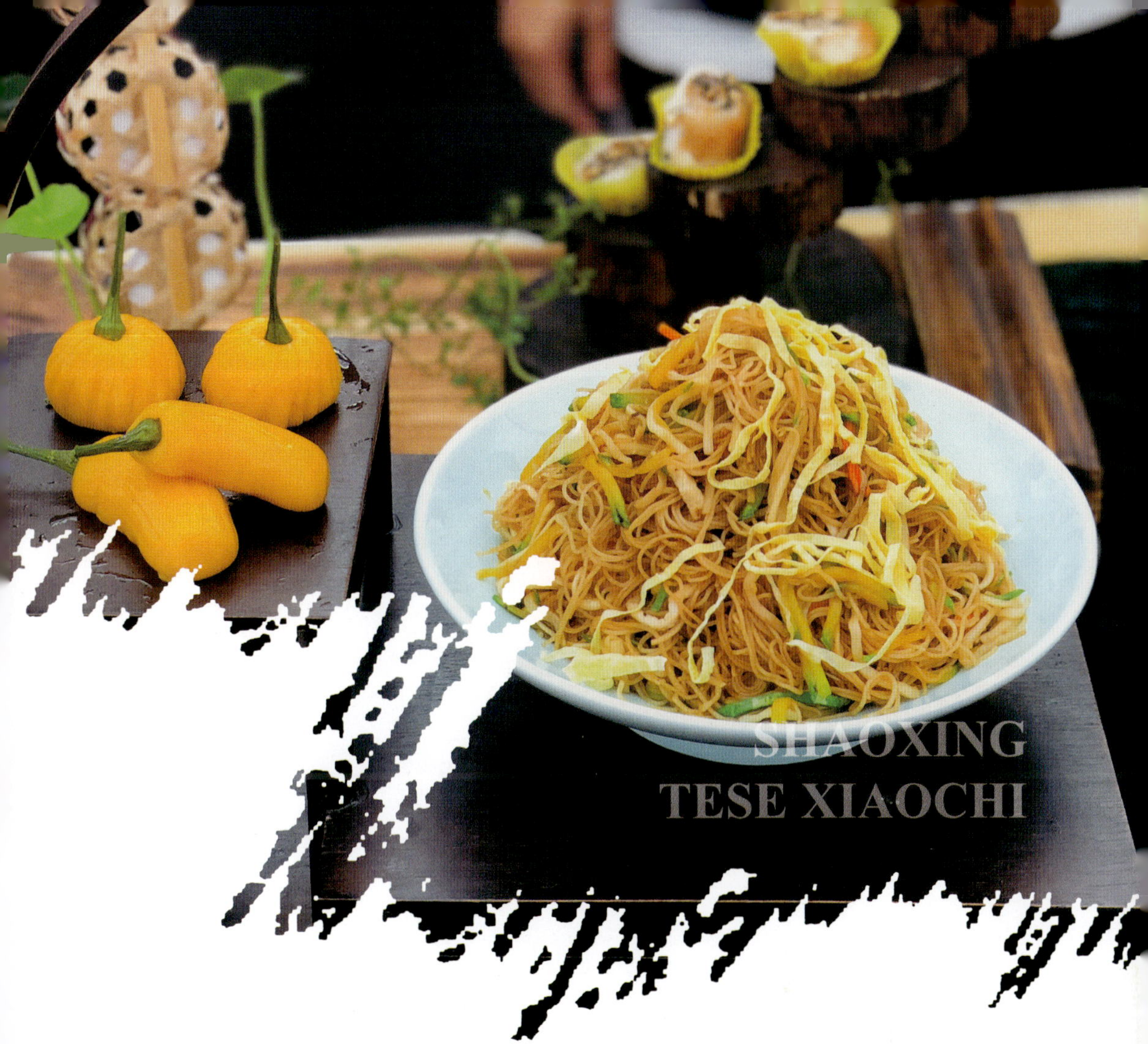
SHAOXING
TESE XIAOCHI

绍兴

特·色·小·吃

油炸
臭豆腐

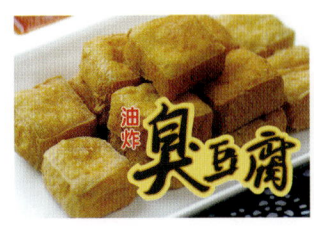

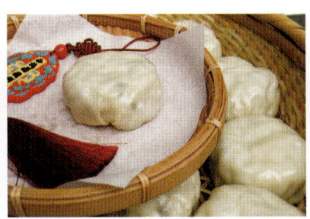

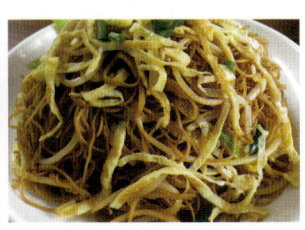

44 绍兴臭豆腐

相传，绍兴臭豆腐由明太祖朱元璋首创。当年，朱元璋征战东南沿海的方国珍割据势力时，途经绍兴崧厦，正巧军中缺粮，士兵饥饿难耐，朱元璋走进民居，拿起发霉长毛的豆腐块入油锅煎炸，居然香臭杂陈、美味可口。大军走后，这种原始的油炸臭豆腐的方法便在绍兴代代承传。

绍兴臭豆腐制作讲究，用苋菜梗发酵制成卤，将豆腐放入卤中浸泡成"臭豆腐"，在腌制和发酵过程中不断加入各种香料调制，对温度、湿度、时间要求极高。吃法有蒸有炸，炸臭豆腐外脆里嫩，臭得够劲，香得过瘾，一口咬下去，浓浓香味迸发而出，回味无穷。绍兴臭豆腐制作技艺已被列入绍兴市非物质文化遗产名录。绍兴臭豆腐于2018年被评为"浙江十大农家特色小吃"。

联系单位：绍兴市崧厦传统食品有限公司
联系电话：13967535345

45 上虞夹塘大糕

上虞夹塘大糕由夹塘姚廷煊创始于民国初年的"义泰昌"号南货店,相继发展到"德源馆",至今已有100多年历史。上虞夹塘大糕是端午节必不可少的传统食品,每年大概从农历二月初一开始上市,至五月初五结束,前后历时百天左右。

上虞夹塘大糕选用当地产的粳米、糯米,按3∶2的比例掺和后用冷水浸泡,然后用轧米机碾碎,大糕的馅料主要有乌豇豆、芝麻、赤砂糖、橘饼,制作工艺有筛粉、雕孔、加馅、封馅、印字、切糕、上蒸等步骤。蒸熟的上虞夹糖大糕,红白颜色分明、柔软可口、香甜油润。

联系单位:绍兴市上虞区丰惠镇阿勇点心店
联系电话:13757549820

46

诸暨次坞打面

诸暨次坞打面是浙江省诸暨市次坞镇的传统风味小吃，2019年被评为"浙江十大农家特色小吃"。据传，南宋迁都杭州后，有一个宫廷面点师因闯祸从宫中逃走，流落到次坞一带乡间后，一种由北方面粉特制的面条"次坞打面"就在诸暨民间流传开来。明太祖朱元璋在未称帝前，征战南北，闹九江，激战鄱阳湖，平定南方割据势力陈友谅后，班师回应天府，经过诸暨次坞时正值晌午，就在路旁一小面馆就餐，店主人以手工打面招待，朱元璋吃后赞不绝口，连呼此面是吃不厌的"次坞打面"。于是"次坞打面"名声大噪，达官显贵、普通百姓相继品尝，代代相传，延续至今。

诸暨次坞打面韧劲爽滑，其精髓首先在一个"打"字上，用擀面杖将面团反复打压成薄薄的面皮，再折叠起来切成面条。这种面条极富韧性，口感爽弹；其次在于汤汁和底料上，次坞打面很好地传承了浙江面食"一锅一碗"的精神，浓郁的汤汁，配合底料的鲜香，一碗绝美，就在于此。

家庭煮打面需准备两口锅，一口锅煮面，另一口锅炒卤。将200克面条倒入沸水锅中，另一口锅开始炒汤面配菜，待配菜炒好后，迅速将沸水里的面条捞起（约煮1分钟），放入汤面配菜锅中，翻炒均匀，捞起装碗即可食用。

联系单位：诸暨市次坞函文打面馆
联系电话：15857522885

47 诸暨西施团圆饼

传说西施被越王勾践送入吴国后,在宫中不时惦念家乡父母亲人,常提起当年与母亲烤制银丝圆饼,去探望外公外婆的情景。吴王夫差为之感动,让西施当即做好银丝圆饼,并遣快马送到五泄。后来,越国打败了吴国,相传西施曾回诸暨五泄看望过外公外婆,银丝圆饼也被称为"西施团圆饼"而流传了下来。

诸暨西施团圆饼用纯正精细的面粉或荞麦粉作皮子,用山地土产香脆萝卜、香葱、青椒与鲜猪肉拌和为馅,由手工包制而成,以文火煎烤而食,其味爽而不腻,辣而不重,又香又鲜。

联系单位:诸暨市周老汉餐饮管理有限公司
联系电话:13758589997

48 嵊州小笼包

据《嵊县志》记载，嵊州小笼包起源于20世纪30年代的嵊县陈东生馒头店。嵊州小笼包的大小规格、颜色、口味都有讲究。单单皮上的褶子就很有讲究，要控制在20个左右，上头还得留出一个"鲤嘴巴"，当地人称其为会"呼吸"的小笼包。嵊州小笼包于2017年被评为"浙江十大农家特色小吃"。

嵊州小笼包皮薄馅多，氤氲水汽中透过面皮可看到里面的馅料。小笼包做好后，上笼蒸15分钟左右，即可出笼，可直接食用，也可以蘸醋、辣酱等调料食用。

联系单位：嵊州市两头门（越之霖）餐饮品牌管理有限公司
联系电话：13858550688

49 嵊州炒榨面

嵊州炒榨面是嵊州人小时候生日宴上绝对不会缺席的一道美味，是嵊州产妇月子里的主食，也曾是嵊州人用来招待新进门的女婿和贵客的高档点心。

榨面由精制籼米制作，经洗米、浸润、磨细、压榨、静渗（亦称微发酵）、搅拌、成稞、煮稞、冷却、上榨、成面、煮面、冷浸、分条、晒干等20多道工序制作而成。榨面烧煮方便，荤素皆宜，炒煮都可，并可做羹、菜。将榨面放入沸水中煮2～3分钟，捞起沥干后拌上适量调和油、酱油及一些个人喜欢的作料（如肉丝、鸡蛋丝、香干丝、南瓜丝、小葱之类），即可煎炒出美味可口的嵊州炒榨面了。嵊州炒榨面吃起来口感干且韧，越嚼越香。

联系单位：嵊州市越乡小吃餐饮有限公司
联系电话：13858550383

新昌年糕多用晚米（粳米）作原料，相比于其他年糕质地更为细密、更有韧性，主要有煎、炸、炒、烤、汤五种做法，各具风味。新昌人最喜欢吃炒年糕，其特色之处在于带汤，先炒后煮，年糕充分吸收汤汁，久煮不烂，有着米糕的醇香。新昌炒年糕于2017年被评为"浙江十大农家特色小吃"。

当地人喜欢吃草籽年糕。白糯的年糕、翠绿的草籽、金黄的蛋丝，添上肉丝、蘑菇等配料，看起来色泽诱人，闻起来有草籽的清香，还有糟肉酒肉相间的独特香味，夹一筷入口，年糕咸淡适中、爽滑柔韧而不黏腻，草籽鲜嫩香甜。

新昌年糕煮食方法：锅热放油，先后放入肉丝、年糕条，炒至微黄，放入配菜翻炒后加水，烧煮至汤汁浓香，加入调料拌匀即可。

「50」 新昌炒年糕

联系单位：新昌县南明街道美萍炒年糕店
联系电话：13362593329

51 新昌芋饺

新昌芋饺是当地传统小吃之一。早在清朝乾隆年间，新昌芋饺就已成为老百姓餐桌上的美味佳肴。据说，芋饺是由南迁的北方人发明的。南下的北方士族迁居新昌后，见新昌盛产芋艿和番薯，便就地取材，用北方人包饺子的做法和吃法，创造性地发明了这道小吃，后人就称之为"新昌芋饺"。"芋"同"鱼"谐音，逢年过节时做一些芋饺，有喜庆吉祥、年年有余之意。新昌芋饺于2019年被评为"浙江十大农家特色小吃"。

新昌芋饺精选当季的番薯粉和煮熟的芋艿，不加水，揉成面团，取一小团捏成圆薄片，加上鲜肉末馅料，做成三角状。芋艿质地细腻、软糯、嫩滑、有黏性，做出的芋饺面皮可以隔绝煮芋饺的汤汁。新昌芋饺烹煮方法：将芋饺放入开水中煮至浮起，表面呈半透明状，盛出后用葱花或者香菜段点缀即可。

联系单位：浙江沃佳食品有限公司
联系电话：13735259128
联系单位：新昌县七星街道水灵灵芋饺馆
联系电话：15215961333

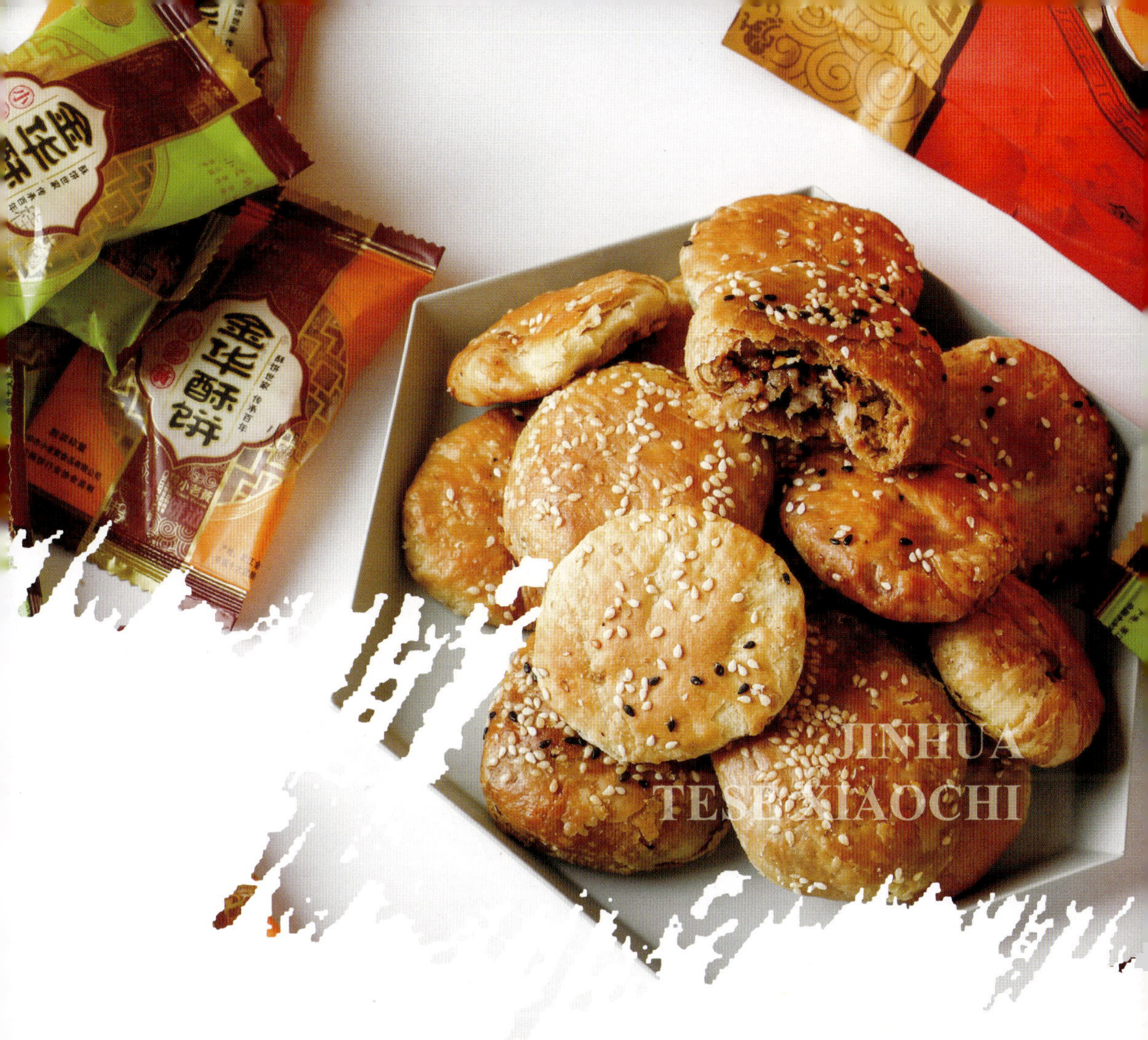

金华

特·色·小·吃

JINHUA
TESE XIAOCHI

52 金华酥饼

据传，金华酥饼的首创者是"混世魔王"程咬金。程咬金上瓦岗寨之前在金华以卖烧饼为生，制出的烧饼形似蟹壳，外带芝麻。一天，他烧饼做得太多，当天没卖完，就把烧饼放在没有熄火的炉边。第二天，烧饼里内馅的油都被烤出来了，饼皮更加油润酥脆，变成了酥饼，大家闻着香味争先恐后地来品尝。众人向程咬金请教"秘方"，他哈哈大笑说："就是在炉边烤一夜而已。"民间有李白"闻香下马"的传说，后人更有赞"天下美食数酥饼，金华酥饼味最佳"的美言。金华酥饼于2017年被评为"浙江十大农家特色小吃"。

金华酥饼色泽金黄，香脆可口，是金华地区的名点，其馅以梅干菜为主料，故又名干菜酥饼。金华酥饼入口酥碎，即使牙齿脱尽的人也有口福品尝其味。

联系单位：金华市小老黄食品有限公司
联系电话：13905796126
联系单位：金华默香食品连锁有限公司
联系电话：13735669265

53 兰溪鸡子馃

相传,明末清初戏剧家李渔有一次忽感风寒,他的小姜依照民间偏方创新了葱蛋饼,素来厌恶吃葱的李渔竟然胃口大开,病情也开始好转。鸡子馃就这样一直流传下来,它在民间有祛寒通鼻、治疗感冒的作用。兰溪鸡子馃是兰溪传统名吃,也是兰溪人民生活中最常见的小吃美食,于2019年被评为"浙江十大农家特色小吃"。

制作鸡子馃,葱最重要,必须是兰溪农家香葱,撒上一大把,再分毫不差地捏上38个褶子。煎制时,将搅拌好的调味鸡蛋液打入馃内,煎至外表金黄,外酥里嫩,鲜香滑口。兰溪鸡子馃的制作技艺已被列入浙江省非物质文化遗产名录。

联系单位:浙江蓝溪农业开发有限公司
　　　　（杭州蓝溪食造餐饮有限公司）
联系电话:18658155959

54 东阳沃面

旧时东阳民间由于生活贫苦，人们习惯把吃剩下的菜、汤用来煮面条，再用番薯淀粉制成糊面，既营养，又易消化吸收。据传，清朝乾隆皇帝下江南私访，途经东阳，因长途跋涉，饥饿难耐，遇一农户，遂进门求食。可农户家穷，拿不出好的食物来招待，只得将剩饭剩菜和在一起，加点面条，煮了一锅面糊，乾隆皇帝觉得此面糊味道非常鲜美，赞不绝口。

如今，一些饭店开始学着民间的做法，把面条煮成糊状，佐以青菜、蛋丝、肚片、河虾、黑木耳、蘑菇等食材，独具东阳风味。由于面条是熬煮出来的，因此就取名为"爊面"。后来人们为了书写方便，也可能是因为爊面里放的东西很丰富，有点像沃土的样子，再加上东阳方言中"ao"与"wo"的发音较接近，"爊面"便就成了"沃面"。东阳沃面的制作技艺已被列入金华市非物质文化遗产名录。

联系单位：东阳市跃庆沃面店
联系电话：13858963337

55 永康肉麦饼

相传,永康肉麦饼始于唐代,永康农家在丰收喜庆季节都有制作肉麦饼的传统。北宋时期的兵部侍郎胡则钟爱肉麦饼,回到故里,总要吃上几只。南宋时期,永康唯一状元,著名思想家、文学家、哲学家陈亮也非常喜欢肉麦饼,后人为供其祥意称它为"状元饼"。永康肉麦饼于2017年被评为"浙江十大农家特色小吃"。

永康肉麦饼采用两头乌猪肉、高山雪里蕻或梅干菜、香葱、特精粉为原料,经过和面、醒面、擀面、包馅、灌气、烤制等工序,做出来的成品表面褶皱(有28~34个)呈金黄色放射状图案,色泽鲜亮;面皮厚薄一致,外观饱满充盈,表皮纹路清晰;表皮松脆,肉质鲜美,肥而不腻,口味独特。

联系单位:浙江品丽州食品股份有限公司
联系电话:13506796669

56 浦江一根面

浦江一根面，又称麦绳，是当地传统美食。村人制作麦绳的历史可上溯至南宋。相传周姓的三位先祖原系居住于杭州钱塘江畔的纤夫，为避战乱迁徙至此，创基筑室，世代繁衍生息。其后嗣每逢春、秋二祭，都要用麦粉制作面条并搓成纤绳状当祭品奉祀先祖，以示不忘祖业。祭毕，或将面条切细，制成索面（今称"手工面"），或拉作长长的麦绳（今称"一根面"）。清代乾隆、嘉庆年间，周璠、陈松龄、潘德淐、戴殿海等文人在潘周家村结社，以诗词唱和。周璠常用"麦绳"款待社众，诸文友食之，盛赞此面乃邑中一绝。据说，其门生戴殿泗曾将此面带入宫廷，皇室贵胄一饱口福之余，大为嘉许。

浦江一根面因其锅有多大、面有多长的特性正合长寿的好兆头，因此也叫长寿面，添丁、满月、生日等都将一根面作为上等美食招待客人。浦江一根面具有柔软滑润、嚼不黏齿等特点，选用全麦面粉、山泉水、食盐，经和面、发酵、搓条、盘条等工艺而成。

联系单位：浦江县盘溪手工面专业合作社
联系电话：13646597263

57 武义艾糕

《辽史·礼志六·嘉仪下》记载："五月重五日，午时，君臣宴乐，渤海膳夫进艾糕。"古代先人把端午节前的嫩艾做成艾糕吃，认为吃了艾糕就会身体健康，不患杂病。武义艾糕也叫畲家蓬糕，早在宋代就是福建一带的民间美食，是文人雅士喜欢的点心名吃。南宋时，福建泉州著名美食家林洪将制作方法收录于其名作《山家清供》之中。浙江畲族自宋朝之后开始向闽北迁徙，大约从明万历年间开始迁入武义，也将畲家蓬糕带到了武义，成为武义民间传统名点。宣平一带至今每年过年都要蒸制蓬糕。

武义艾糕的制作技艺已被列入武义县非物质文化遗产名录。武义艾糕选用优质糯米、粳米、白砂糖为原材料，经过浸米、煮艾叶、和米、磨浆、制粉、和面、蒸煮、定型等一系列传统工序，并坚持用柴火及土灶蒸制而成，保持了艾糕的传统味道。武义艾糕外形鲜绿，口感香糯，咬一口清香扑鼻。

联系单位：浙江畲山客农业发展有限公司
联系电话：15058595080

在磐安县东大门始丰流域方前，有种当地知名小吃，略带扁形，颇像人的耳朵，俗名"扁食"，又称"必食""民国大馄饨"。扁食是方前人常吃的食物，尤其逢重大节日、喜庆事宜及亲朋好友来访，扁食是不可或缺的点心。扁食的皮，选用磐安当地优质高山番薯，经过洗清、磨研、筛沥、沉淀、取粉晒干等多道工序制作成番薯粉，用开水按一定比例调制成粉团，按分量切成均匀的剂子，用擀面杖擀开即成。馅是选用精肉、花生米、红黄萝卜、香菇、茭白、豆腐干、荸荠等多种食材调制而成。扁食的做法：馅料摊在皮上，向上一卷，反手一环，形状似一个元宝，寓意招财进宝。

磐安方前扁食最好的吃法是水煮，锅中放水煮沸，加入扁食煮10~15分钟，待扁食煮至晶莹剔透，汤中加点酱油和醋后盛出装盘，可根据个人口味加入葱或香菜。煮熟的番薯皮半透明的质地和滑溜的口感，红色、绿色、黄色、白色各色馅儿若隐若现，是视觉和味觉的一场盛宴。扁食也可以蒸着吃，蒸好以后，蘸点自制的调料；还可以现包现烤，放上油，撒上葱，烤至金黄，是难得的下酒佳品。

58 磐安方前扁食

联系单位：磐安县方前道地名小吃开发有限公司
联系电话：18314958111

磐安大蒜饼是磐安县"非遗小吃",被誉为"中国比萨",浓郁的蒜香味勾起很多人儿时的美好回忆。说起大蒜饼的由来,可以算是父辈们勤劳智慧的产物。20世纪七八十年代,父辈上山下田劳作,为了节约吃饭时间,通常会在早上上山的时候就带好午餐。在双峰,当地人最爱带的就是大蒜饼,因为大蒜饼的制作简单,携带方便。在那个物资缺乏的年代,没有专门盛放食物的密封袋,大蒜饼的好处在于可以防止蚂蚁等小虫偷食,而且吃了大蒜饼能在劳作时免除蚊虫叮咬,夏天还有防暑的功效。

磐安大蒜饼的做法:将面粉加水及酵母发酵,把发酵好的面团做成厚1厘米左右、直径20厘米左右的圆饼,醒面10~20分钟,放在平底铁锅里烤至一面金黄,再在另一面抹上细盐或酱料,根据个人口味,铺上生的或腌制过的大蒜末,再烤两分钟左右,撒上葱花,即可食用。此饼松软可口,味道绝佳。

「59」
磐安大蒜饼

联系单位:磐安县玉点心小吃店
联系电话:15867909090

衢 州

特 · 色 · 小 · 吃

60 衢州胡麻饼

衢州胡麻饼最早可追溯到唐代，至今已有1000多年的历史。因其主要原料芝麻在汉朝时由西域传入中原，隋唐时称"胡麻"，故用其作原料制成的饼称"胡麻饼"。据《衢州府志》《柯城区志》记载，贞元四年（788年），17岁的白居易随父白季庚到衢任别驾，曾写下一首诗赞胡麻饼，即《寄胡饼与杨万州》："胡麻饼样学京都，面脆油香新出炉。寄与饥馋杨大使，尝看得似辅兴无。"胡麻饼于2018年被评为"浙江十大农家特色小吃"。

衢州人对胡麻饼情有独钟，生日时将大麻饼当作"长寿饼"来分享喜悦；定亲、婚宴、上梁时选麻饼为"喜饼"，寓意日子过得甜美、适意。如今，衢州胡麻饼仍以芝麻为主料，面呈金黄色，皮薄馅足，面松酥脆，馅油而不腻，清淡弥香。

联系单位：浙江邵永丰成正食品有限公司
联系电话：15924078241

61 衢州烤饼

烤饼是衢州的传统特色小吃，历史悠久。相传孔子第48代嫡长孙、衍圣公孔端友率族人南渡，到达衢州后，族人已是饥肠辘辘，疲困难当，一村夫得知是孔氏族人后，便升起炉火，做饼招待他们。面饼肉馅肥瘦相间，香而不腻。

衢州烤饼馅料有全肉、梅干菜肉、榨菜肉等，制作讲究。具体做法是将馅料包入，封口后用手掌将面团按平，厚度3~4毫米，然后将饼贴入特制的炭炉壁上，炭炉开口只有一尺，炉内形成热气对流，烘上一会儿，烤饼就开始"吱吱"作响直流油，香气四溢。

联系单位：衢州市柯城区余记烤饼店
联系电话：15325421572

62 龙游发糕

据《龙游县志》记载，龙游发糕始于明代。相传，朱元璋微服私访龙游，走进一张姓员外家，员外儿媳在蒸米糕招呼客人时，误将酒酵弄进了蒸糕的米粉中。大约1小时后，米糕蒸好了，香甜的米糕夹杂着微微酒香，儿媳未见异样便将米糕呈上桌。朱元璋非常喜欢吃，就打听这种坊间糕点的名字，张员外答不上来，儿媳灵机一动回答："发糕。"于是，龙游民间便开始流行用米粉和酒酵混合制作发糕，因其与"福高"谐音，寓意"年年发、步步高"而流传至今。

龙游发糕花色品种多样，按口味分，有白糕、丝糕、青糕、桂花糕、核桃糕、红枣糕、大栗糕等；按主要原料分，有纯糯米糕和混合米糕。龙游发糕成品孔细似针，闻之鲜香扑鼻，食之甜而不腻、糯而不黏，是全国第一个取得小食品类地理标志产品，2017年被评为"浙江十大农家特色小吃"，制作技艺入选浙江省非物质文化遗产名录。

龙游发糕有两种食用方法：可以蒸，在锅里放入蒸笼，隔水蒸10分钟左右，至松软甜糯（注意加水量，煮沸时水不要淹过蒸笼）；也可以煎，将发糕切成1厘米左右厚的薄片，在煎锅里加适量油，油温不要太高，待发糕煎至两面金黄、微微发脆即可。

联系单位：浙江善蒸坊食品有限公司
联系电话：13757014498

63 龙游葱花馒头

相传乾隆皇帝微服私访龙游,在赏荷花时,忽闻一股清香。只见一村姑身穿薄纱裙,头戴箬叶帽,手提竹篮迎面而来,乾隆便问她篮中有何物,为何如此诱人。村姑荷花笑而回道:"乃葱花馒头。"随即掀开篮上头巾,竹篮中洁白如玉、饱满圆润的葱花馒头就展现了出来。乾隆皇帝拿一个吃了起来,连连叫好。荷花仙姑戏乾隆的典故便由此而来,葱花馒头也因此成了贡品。龙游葱花馒头于2019年被评为"浙江十大农家特色小吃"。

龙游葱花馒头饱满圆润、香味浓郁,是龙游传统婚宴、春节期间必备的点心之一,寓意圆圆满满的美好祝福。龙游葱花馒头选用表面光洁有弹性的淡馒头;馅料炒制时要锅烧微红,油烧热放入肥肉煸炒,将肥肉里的油熬出,依次放入瘦肉、茭白、毛笋干煸炒,炒出香味后,倒入白萝卜,然后调味翻炒均匀出锅,馅料冷却后加入葱花,还可添加辣椒粉。食用龙游葱花馒头时,将馒头放入蒸锅,水开后蒸8分钟即可。

联系单位:龙游县美食行业协会
联系电话:13515708090

64 江山米糕

《长恨歌》中有这样一则逸闻：传说李自成欲攻北京时，朝廷急调福建驻军救驾。为加快行军速度，部队经过江山时伙夫发明了米糕，一天吃两餐，日行二百里路。孰料过江山仙霞岭时，得悉崇祯皇帝已吊死在煤山，于是救驾部队疏散于江山一带，米糕也就流传了下来。

江山米糕又叫江山千层糕，给人最大的印象是"硬"，类似于现在的压缩饼干。它以四成糯米、六成籼米为主原料，拌入红糖，辅以花生、芝麻、莲子、野果、橘皮、豆子、桂花、茴香等，细磨成粉，入甑蒸熟，切成片状，味道甜中发香。

联系单位：江山苑林食品有限公司
联系电话：13587124822

65 开化气糕

开化气糕是当地与孝文化紧密联系的一种食物，是孝敬老人的节日美食。《开化县志稿·风俗·饮食》记载："重阳，则以米和水磨浆，蒸为气糕食之。"开化气糕于2017年被评为"浙江十大农家特色小吃"。

开化气糕以粗糙的早稻米为原料，加水磨成米浆，经过发酵后，铺在蒸笼上，再撒上辣椒丝、木耳丝、萝卜丝、肉丝、虾米等一起蒸熟即可食用。成品的开化气糕，外表洁白晶莹，口感松软柔糯。如今，开化气糕的吃法逐渐多元化，油煎、烘烤成干等，各有风味。

联系单位：气糕姐姐美食
联系电话：13868794010

66 开化桐村碱水粽

　　开化桐村碱水粽又称"黄金粽",为开化当地的传统食品。清初,黄金粽随闽南迁入浙江省开化县桐村镇的闽人而入。相传在古时的福建厦门沿海一带,村民向海中抛入象征着婴儿襁褓的黄金粽来向大海祭拜,以求风平浪静,避免发生特大海潮,祈求家中婴儿平安降生。

　　开化桐村碱水粽是粽子的一种,因食材中有碱水而得名。其做法:将糯米用碱水浸泡一个晚上,泡后的糯米略黄,沥干水后包成粽子。如今,在制作过程中又加入各种中草药,制成各种风味、不同营养价值的特色美食。煮熟的碱水粽,色泽金黄,糯米的腻人感被粽叶的清香盖住,配着白糖蘸着吃,有嚼劲又不黏牙。

联系单位:桐村竹海农家乐
联系电话:13506709063

舟山

特·色·小·吃

67 普陀观音饼

普陀观音饼是浙江传统纯素糕点、舟山著名传统小吃，创始人为苗伟中先生。苗伟中13岁时曾带自家糕点到普陀山观音道场礼佛，偶然结识了庙堂制饼师傅，经其指点，独创素饼工艺。1953年初，在沈家门渔港西横塘开设了第一家"冠素堂"商铺。

普陀观音饼结合当地佛教文化、素食文化、海岛文化，历经近70年匠心传承，以小麦粉为主要原料，选用植物油、白砂糖、果仁等纯素辅料，经和面、制酥、包酥、压面、制馅、成型、焙烤、冷却、包装等10多道工序精制而成；色泽金黄，层层起酥，馅料丰富，香酥味美。其制作技艺已被列入普陀区非物质文化遗产名录。

联系单位：浙江冠素堂食品有限公司
联系电话：13587099524

岱山倭井潭硬糕始于清光绪年间。浙江黄岩人林纪法到岱山县长涂岛做换糖生意时，发现岱山渔业繁华，渔民在捕捞作业时需要不易变质的食品充饥，于是他将黄岩糕改良制成了不易损坏的硬糕。同时，为纪念传说中长涂抗倭英雄"三姐妹"，便取名"倭井潭硬糕"。如今，硬糕已不纯粹是渔民们出海充饥的干粮，更有高高兴兴、步步高之意，成为舟山特有的土特产。

岱山倭井潭硬糕选用上等糯米、绵白糖等主料和玫瑰、芝麻、橘饼等辅料，采用家传秘方，经炒米、磨粉、配料、细拌、擀粉、印块、两次水蒸、两次火焙等工序，将糖、粉和辅料完美地融合在一起，做成入口香甜的硬糕。初食者切忌大口啃食，以免伤牙，最好选硬糕一角啃下细嚼，或用锤子击碎后品味，一块在口，回味持久。

68 岱山倭井潭硬糕

联系单位：岱山县长涂老万顺食品有限公司
联系电话：13705802001

69 舟山带鱼饭

舟山带鱼饭是渔民在渔船上就地取材的一道主食,历史久远,20世纪五六十年代在舟山一带特别流行。由于那时物资紧缺,老渔民便在甲板上把刚捕上船的东海带鱼斩块,与萝卜、大米烧制在一起,米饭里既有蔬菜的清香,又有带鱼的浓香,不仅好吃,而且烹饪方法简单。

舟山带鱼饭以东海优质的小眼睛带鱼、优质大米为主料,辅以娃娃菜、萝卜等蔬菜,小火慢炖,再配以鱼露、蚝油等数十种调料调制成的烧汁,吃后齿间留香,回味无穷。舟山带鱼饭于2018年被舟山市餐饮协会评为舟山名菜,并被中央电视台《中国影像方志》栏目和浙江卫视《美食兄弟连》栏目报道,是一道富有渔民历史韵味和浓郁地方特色的美食。

联系单位:嵊泗黄伟军大师工作室
联系电话:13868211896

台州

特 · 色 · 小 · 吃

椒江姜汁核桃调蛋

椒江姜汁核桃调蛋是椒江当地平常百姓家里的一道上等滋补品，以前只有坐月子的妇女或者身体虚弱的人才可以吃得到。因椒江靠海，气候潮湿，而姜汁能祛寒、祛湿、暖胃，现普遍成为椒江本地人喜爱的美食。

椒江姜汁核桃调蛋的主料有姜汁、核桃、鸡蛋、黄酒、红糖等，烧好后跟鸡蛋糊有些类似，但比鸡蛋糊要硬，口感丝滑，因加入了姜汁而具备姜所独有的辣味，还有核桃仁的香味。刚出锅的姜汁核桃调蛋，高高膨起，表面撒上红糖，趁热吃，辣味和甜度都刚刚好。

联系单位：台州市椒江区然香姜汁店
联系电话：13606688030

71 黄岩红糖烤糖

相传民国后期,临近过年时,黄岩县头陀桥(现为头陀镇)双楠村有户穷苦人家,老头子冒着严寒在白湖塘洋忙着干农活,老婆子准备给老头子做炒米粥。老婆子心疼老头子干活辛苦,想急着去帮忙,炒好糯米后放上生姜、红糖和水,叫正在玩耍的孙子来烧火熬粥。孙子放了好多柴进灶里,见灶火旺就跑开玩了。等老婆子回来,锅里水早已烧干,变成一团锅巴。但这锅巴闻起来十分清香,一块下肚,寒意全无。于是老婆子把它切成块放酒刁里给孙子当年货。久而久之,当地老百姓把这种由红糖做成的锅巴称之为烤糖。烤糖成了必备年货之一。

黄岩红糖烤糖于2017年被评为"浙江十大农家特色小吃",以红糖、糯米为主要原料,黄中带亮,颗粒均匀,状如蜂蛹,软硬适中,香甜酥脆,为黄岩人酒刁里的甜蜜年味。

联系单位:台州市黄岩双楠红糖专业合作社
联系电话:13456666667

72 宁溪麦鼓头

宁溪麦鼓头是台州的一种风味小吃。煎烤时，麦饼因中间受热膨胀，鼓了起来，这道风味小吃的名字便由此得来。

宁溪麦鼓头选用的馅料有猪肉、梅干菜或咸菜、虾皮和葱花等。猪肉，是当地农户自家腌制的腊肉，将新鲜的五花肉放在盐中不停地揉搓，使盐分渗入肉中，然后将猪肉放在阳光下晒得发红，即成腊肉；梅干菜，是将萝卜叶晒干，放在腌肉缸中压到半干半湿制成。烤熟的麦鼓头，黄灿灿的饼皮散发着麦粉香，梅干菜混合着咸猪肉的香味隔着饼皮都能闻到，一口咬下去，美味十足。

联系单位：台州市黄岩区宁溪镇农民合作经济组织联合会
联系电话：13566829630

73

黄岩沙埠豆腐干

黄岩沙埠豆腐干以其"香头足、韧性佳"远近闻名。黄岩朱记沙埠豆腐干位于沙埠老街,创办于清朝。

做好豆腐干讲究"三好":水好、原料好、技艺好。沙埠豆腐干选用纯正的山水、精心挑拣的上好黄豆,同时在制作过程中加入八味以上中草香药,技艺则是百年的秘技以及严谨的用心。黄岩沙埠豆腐干气味醇香,口感鲜美,质地柔韧,被誉为"素火腿"。可以直接蒸着吃,不需要其他配料增味,口感细腻有嚼劲;也可以煮着吃,一锅煮好的豆腐干,用筷子一夹,温润欲滴,咬上一口,让人回味无穷。

联系单位:台州市黄岩朱记豆制品店
联系电话:18657609899

74 临海蛋清羊尾

临海蛋清羊尾，又名雪绵豆沙，是临海列入《中国菜谱》的特色名点，至今已有1400多年的历史，起源于临海，因其状如羊尾，故得此名。后由于清军入关南下，而由厨师携带前往北方，成为清朝宫廷御宴上的风味食品之一。临海蛋清羊尾于2019年被评为"浙江十大农家特色小吃"。

临海蛋清羊尾以菜油、鸡蛋清、猪网油、豆沙和少许麦粉为原料，先取蛋清加入麦粉，用筷子不停地搅拌，直至"立筷不倒"，再加入干淀粉搅匀，将预先制好的以猪网油包裹的豆沙丸子裹上蛋糊放进菜油里炸，待丸子变得胖乎乎且颜色微黄便捞起装盆，撒上白糖即可。临海蛋清羊尾一定要现做现吃，蛋清的口感绵软柔嫩，表皮则保留着咀嚼弹性，猪油香、蛋香和红豆香相互交融。

联系单位：临海小吃店
联系电话：13666869043

相传明嘉靖年间，戚继光坚守临海长城抗倭，定于正月十四发起总攻。时值近元宵节，百姓纷纷拿出自家食材犒劳慰问将士，戚继光为让将士们感受百姓心意，便将百家菜切成细粒，煮成粉糊，俗称"糟羹"。将士们吃了鲜美可口又热乎乎的糟羹，士气大振，捷报频传。从此以后，临海百姓将正月十四作为元宵节，每家每户吃糟羹的风俗一直流传至今。

临海糟羹寓意团结胜利，百姓称它为"发财羹"，元宵节亲朋好友相互串门品尝，来吃的人越多表示越兴旺。制作临海糟羹，要将精肉丝、香干、冬笋、芋头、豆瓣、胡萝卜、香菇等切成细粒并炒至半熟，加入猪排筒骨汤，煮沸后缓缓倒入米浆，朝一个方向不断搅拌至糊状变稠，放入调料，撒上切碎的芥菜叶粒即可。

75 临海糟羹

联系单位：临海华侨君澜大酒店
联系电话：18869902866

76 温岭泡虾

温岭泡虾没有虾,由于最早的泡虾形状像虾,由温岭的方言而得名。有一种说法是以前生活条件不佳,家里要办酒席,请来的厨师都会用小麦粉搅糊放点葱油炸成胖胖弯弯带个小尾巴的菜品,称之为泡虾。后来,凡是用面粉搅成糊然后油炸成的菜品,多称为泡虾。

温岭泡虾承载了温岭人童年的记忆,经典制作方法是将小麦粉和水搅拌成稠糊状,用器具取适量,往里加入调好味的肉碎作馅,包好往热油里一扔,面皮炸至金黄色,用漏勺捞起即可。温岭泡虾趁热吃,特别松脆、喷香。

联系单位:温西老梅泡虾
联系电话:13989636592

77 玉环敲鱼皮馄饨

玉环敲鱼皮馄饨是玉环非常有名的特色小吃，个头比一般的馄饨要更大一些，形似花朵，鱼肉皮爽滑筋道，口感鲜美，饱腹又养颜，为玉环十大名菜点之一。

玉环敲鱼皮馄饨的皮采用深海鱼为原料，取其鱼肉，用木棍敲打成薄纸似的鱼肉皮，然后用上等新鲜虾肉、猪瘦肉做馅，配上各种调料，再逐个放在敲好的鱼肉皮上，裹成馄饨。

联系单位：玉环渔家女海鲜制品厂
联系电话：13867682788

78 天台饺饼筒

相传济公在国清寺为僧时，见每餐剩下很多菜肴甚为可惜，就把这些菜肴裹在面皮里供下一餐食用，受到僧众欢迎。上海世博会期间，天台饺饼筒称作"济公卷饼"，作为中华名小吃登场。天台饺饼筒于2018年被评为"浙江十大农家特色小吃"。

制作天台饺饼筒时，先将小麦粉调成糊状，入平底锅摊开成30厘米直径的软质面皮，烙熟，然后将鸡蛋、猪肝、肥膘肉等分别与粉丝、木耳、笋丝等依照一定顺序放在面皮上卷制，放油锅中煎至两面金黄，就酒或者粥而食。

联系单位：台州御清斋食品有限公司
联系电话：13905860176

[79] 天台修缘蒸糕

相传南宋时期，宋高宗赵构在杭州游历时，随从未备足御膳，荒野之地，何处求食？忽见山中转出一僧，见此僧呵呵一笑，破扇一摇："少安毋躁，这有救命稻草，莫急莫急，快快拿去充饥。"言毕，递上一包糕点。赵构一尝，细腻松软、甘甜若饴、余香满口，不禁龙颜大悦，遂高声询问。只听山中声响："此物只为天台有，皇上亲尝得几回？"因山谷回音，众人误听"天台"为"天上"，皆疑此僧非神即仙，感叹此糕点非凡间俗物。后知此僧为济公，因济公原名李修缘，故天台糯米蛋糕又被称为修缘蒸糕。

天台修缘蒸糕有两大特点：一是隔水蒸制而非烘焙烤制；二是以糯米为主要原料，口感更糯更韧。

联系单位：台州御清斋食品有限公司
联系电话：13905860176

80 三门松花饼

"番薯芋头吃肚饱,柴株可当厚棉袄。松花麦古当街咬,老少都困花面床。"这是三门山区百姓流传的民谣,其中"松花麦古"即松花饼。三门制作松花饼有传统,当地百姓在春季松花开时,采其花穗,晒干后收集花粉,筛去杂质,装存在瓦罐里,平时除用作擀面条、做麦饼时的粉伴,还用来制作松花饼。

三门松花饼的主要做法是将天然松花粉、糯米粉、白糖、水等原料按一定比例混合,揉成面团,切成椭圆形或方形饼块,温火烙成松花饼,口感糯而香甜。

联系单位:三门县在水一方渔家乐园有限公司城关店
联系电话:13454238505

81 仙居烧饼

据史书考证,烧饼是汉代时班超从西域带来的,旧称"胡饼"。《续汉书》记载"灵帝好胡饼",说的就是烧饼。仙居烧饼是经过多年的文化沉淀,根据古时劳动人民的需求后多次改良而形成的。

仙居烧饼跟普通的油酥烧饼、掉渣烧饼不同,是一种有馅的炭烤饼,选用优质面粉、五花肉为主要原料,以仙居菜干、白糖、葱、芝麻、糖油为辅料。主要分为甜、咸两种口味,有葱饼、梅干菜饼、萝卜丝干饼以及糖饼等,外表色泽金黄,口感外酥里嫩。

联系单位:仙居县寿林烧饼店
联系电话:13396921152

丽 水

特·色·小·吃

LISHUI TESE XIAOCHI

[82] 龙泉黄粿

相传878年秋,黄巢义军南征,大军需要穿越浙江、福建边境数百里人烟稀少的仙霞岭,黄巢因恐途中无食而愁。一日,黄巢在山中偶遇一樵夫,见其口粮甚怪,乃问之。樵夫答道:"因我每次出来砍柴都在山中数日,娘恐我饿,乃制米粿当路中餐。因米粿加灌木灰水而制成,可增其香味还能助消化,可保鲜数十日而不坏。"黄巢闻之大喜,下令动员民众制米粿以供大军过山之用。此后,米粿因被义军征用而闻名,民众亦为纪念黄巢义军而把此米粿更名为黄粿。

龙泉黄粿又名黄米粿、黄金粿等,选用优质粳米为主要原料,以"山柃"烧成的植物碱为辅料,经淘洗、浸泡、磨米、蒸煮、碾轧、成型等多道工序制作而成。龙泉黄粿与年糕相似却又不同,龙泉黄粿黄里透绿,色泽晶莹,清香柔韧,营养丰富,既可当菜,又可当主食。龙泉黄粿的食用方法多种多样,可蒸、煮、煨、烫、烤、炸、煎等。

联系单位:龙泉人家农业科技开发有限公司
联系电话:13957057676

莲都眉毛酥是流行于莲都区碧湖、大港头区域的特色小吃，它形似眉毛，层次分明，口感油润酥脆。莲都眉毛酥的制作是一项民间传统技艺，历史悠久。过去，碧湖的家家户户都会做眉毛酥。每逢节日，特别是春节，人们都会做上一些眉毛酥，用于招待来走亲的客人，同时眉毛酥也是嫁娶喜事上必不可少的伴手礼之一。

莲都眉毛酥主要原料有精白面粉、芝麻及作料等，从和面、擀皮到制坯都蕴含着独特的制作技艺。和面配比有讲究，擀皮的力度要刚刚好，制坯主要遵循的是传统的技艺。最重要的一个环节就是包制和捏花，不同的手艺人捏出的花纹各不相同，但大体以花纹均匀、细致为最佳。油炸的火候也非常重要，炸至金黄出锅，酥酥香香，方为最好。

83 莲都眉毛酥

联系单位：丽水市炎黄守农实业发展
　　　　　有限公司
联系电话：18805887566

84 青田国师饼

青田老百姓中流传着这样一个故事：当年朱元璋多次到青田石门洞请刘伯温出山，共商天下大事。刘伯温最终被他的诚意感动了，离开石门洞，辅佐朱元璋。有一天，两人正在商议国是，十分投入，竟然忘记了吃饭的时间，聪明能干的刘夫人备下了一桌别具一格的家宴招待朱元璋。朱元璋胃口大开，吃得津津有味。当一盘色泽金黄的麦饼端上桌时，刘伯温笑着对朱元璋说："这是夫人特意为主公做的一道菜，叫'金龙麦饼'，愿主公早日登上龙位。"朱元璋听了心花怒放，连连说："好，好，若遂先生吉言，我一定封先生为国师。"因此，金龙麦饼又叫国师饼。

制作青田国师饼先取面粉加盐和水调成面团，醒发半小时；夹心肉洗净切碎，加盐、白糖腌渍；韭菜洗净切碎，倒入肉中混合均匀；将面团分成100克左右的剂子，用擀面杖擀成中间厚、周边薄的皮，放入馅料后，收口；将包好的生坯用擀面杖擀薄、擀圆；取平底锅加热，倒少量油，放入麦饼生坯小火煎至两面金黄后取出，皮薄馅足，香酥可口。

联系单位：青田县十八碗餐馆
联系电话：13666558186

85 云和油筒饼

油筒饼是云和县的地方特色传统小吃，三五好友聚于油筒饼摊前，趁热分享美食，是云和街头常见的景象。云和油筒饼独特的形状、口味以及制作流程，是云和人的集体记忆，成为云和人的乡愁。

云和油筒饼制作手工艺历史悠久，主要材料有籼米粉、植物油、萝卜（或南瓜）、食盐等。将大米磨粉和成面浆倒入一种独特的"饼提"中（"饼提"形似小酒提，又有异于酒提），放入热油中炸一会儿，待面浆成型后，倒出多余面浆，在壳内放入萝卜丝、南瓜丝等馅料，在开口处再淋上一层面浆，放入油锅炸熟即可。刚出锅的云和油筒饼色泽金黄，外脆里嫩，咸鲜味美。

联系单位：云禾小吃　联系电话：18806783225

「86」缙云烧饼

缙云烧饼亦称"桶饼",世代传承,久负盛名,为缙云民间一大著名特产,于2017年被评为"浙江十大农家特色小吃"。相传远古轩辕黄帝在缙云仙都的石笋上用仙鼎炼丹,腹饥时就以山泉水和面,揉成团贴在炼丹炉内壁,烤出的饼色泽金黄,酥糯可口,香飘四野。当地百姓闻香而动,有心人仿效轩辕的仙鼎制成土鼎,专用于烤制缙云烧饼。据《缙云县志》,20世纪90年代初,缙云百姓还依靠制作缙云烧饼谋生、脱贫致富。

缙云烧饼选用面粉、五花肉为主要原料,缙云菜干、白糖、葱、芝麻、糖油为辅料,经特定的工序、特制的饼桶,用炭火高温烘烤而成。刚出炉的烧饼融麦香、肉香、葱香、菜干香、芝麻香、糖油香于一体,表面呈棕黄色,油光发亮,表皮松脆、内质软糯,咸淡适宜、油而不腻,鲜香可口、回味无穷,最佳的食用口感在3分钟内。外带的烧饼可以用平底锅、烤箱等复味。

联系单位:杭州绿之园餐饮有限公司
联系电话:15968188740
联系单位:缙云县一均烧饼店
联系电话:18957052398

丽水特色小吃 113

87 缙云爽面

缙云爽面也称索面、土面，是缙云一大传统美食，历史悠久，文化底蕴深厚，其加工技艺已有1300多年的历史。据说，准女婿提亲第一次上女方家，女方家必须下爽面，如果面条上面放荷包蛋，表示同意；如果面条下面放蛋，则表示吃完滚蛋，亲事告吹。

缙云爽面由本地小麦粉、山泉水、食盐制作而成，经过和面、发酵、搓条、盘条、上条、拉条、分条、抽细、晾晒、剪裁、包装等工艺制作而成；面条细如丝、白如玉，麦香扑鼻、爽滑筋道。缙云爽面可炒可煮，但最为普遍和最受欢迎的还是爽面卵，年初一要吃幸运面，出嫁要吃上轿面，生日要吃长寿面。缙云爽面制作技艺已被列入丽水市非物质文化遗产名录，并于2018年被评为"浙江十大农家特色小吃"。

联系单位：缙云爽面章金英店
联系电话：13757839201

88

缙云敲肉羹

传说黄帝初到仙都时,就用敲肉羹宴请百官,因为做敲肉羹动作快,样数多,可调百味而适众口。缙云当地有"无羹不成宴"之说,羹越多就越排场。

缙云敲肉羹好不好吃,一半在敲肉,一半在烹饪。先将猪里脊肉切成3厘米左右的薄片,然后用擀面杖(或特制小锤),顺着肉的纹路进行敲击,直至肉片成薄饼状。然后撕成小片,平摊在米筛上备用。锅留底油,加入笋丁、香菇丁、豆腐丁、蚕豆等翻炒,再加水、盐、酱油、猪油等,待大火烧至沸腾,放入肉片,倒入番薯粉芡汁,边倒边搅拌,淋入猪油,再用旺火滚上片刻,撒上香葱。刚出锅的缙云敲肉羹状似琼脂、色如琥珀,肉质脆嫩、鲜香滑爽。

联系单位:缙云县老土地农家小院
联系电话:18957042358

遂昌长粽又名"长情粽",于2019年被评为"浙江十大农家特色小吃"。在遂昌习俗中,结婚第一年的新婚夫妇在端午节要给娘家送长粽礼,寓意久久长情、越长情越重。此外,遂昌小孩过周岁,外婆也要包长粽,祝愿孩子长命百岁,健康快乐。与棱角粽不同,遂昌长粽呈圆柱形,常规的长20~30厘米,每只长粽用7~9张长7~8厘米的高山箬叶包裹,再用龙须草或棕榈丝紧紧扎成九节。

遂昌长粽的原料全部选自农家自产的食材。高山箬叶里包裹的是沥柴灰汁浸泡的高山糯米,含有丰富的植物碱,长粽内的馅料是农家梅干菜及散养土猪的后腿肉,荤素搭配,香而不腻。经过4~5小时的柴火高温慢煮,粽身金黄油亮,粽米香糯润滑,内馅细腻柔软,汁水鲜美黏稠。粽子香,香厨房;艾叶香,香满堂。高山箬叶里包的是长情,高山糯米里裹的是祝福。

89

遂昌长粽

联系单位:浙江遂昌原食健康农业发展有限公司
联系电话:13957069788

90 松阳薄饼

松阳薄饼历史悠久，由古代的春饼演变而来。端午节吃薄饼是松阳的传统习俗之一，除供自己家食用外，薄饼还常用于待客，代表情谊长留。

端午节时新麦出，磨适量的上白面粉，夜里加水、小苏打搅成糊状，醒到第二天早上。鏊盘烧热，用蘸油的粗草纸一擦后，把面糊轻放鏊盘上拖一圈，做成直径30厘米左右的极薄的圆形饼，一张张叠好待用；内馅以时令蔬菜为主，有黄瓜、辣椒、韭菜、大蒜、苋菜、春风豆、洋葱、土豆、洋粉、茄子、绿豆芽等，每样菜炒好后，把汤沥掉。吃时，摊开薄饼，把自己喜欢的菜夹入，最后包起来，清爽又好吃。

联系单位：松阳县岁月静好餐饮有限公司
联系电话：15857887799

91 景宁畲乡粉皮

相传明洪武年间,景宁英川一位名叫树脑的男子要外出做生意,临行道别时,4岁儿子皮皮叫嚷着肚子饿,于是妻子将仅有的一层糕刮下来放在豆腐脑里给他吃,皮皮吃得津津有味,问这个好吃的东西是什么。树脑随口说:"米粉炊的皮,粉皮!"于是,粉皮就这样叫开了,它寄托着对外出亲人的思念和祝愿。景宁畲乡粉皮于2019年被评为"浙江十大农家特色小吃"。

景宁畲乡粉皮以早籼米为原料,经浸泡、磨浆并加入一定比例的番薯粉(淀粉)后蒸制而成,呈半透明状,具有嫩、滑、软、韧等特性。粉皮的吃法多种多样,可以直接蘸酱吃,将蒸好的粉皮直接卷好,根据个人口味蘸辣椒酱、甜面酱等;有汤粉皮,浇上各种不同口味的汤汁后即可食用,尤以虾皮汤、田鲤鱼干汤最受当地群众喜爱;有春卷粉皮,将菜、肉、海鲜、菌类、笋类等切成丁烧好,铺在刚蒸出的粉皮上,卷起来吃;此外,还有炒粉皮、水煮粉皮,还可制成粉皮干等。

联系单位:景宁县英川粉皮店
联系电话:13857097116